Hoffmann/Kea

Agile Games Facilitation

Agile Games Facilitation

Mit Spielen in Meetings, Workshops und im Teamalltag Wirkung erzielen

von

Anne Hoffmann

und

Julian Kea

Verlag Franz Vahlen München

Anne Hoffmann, Design Thinkerin, Trainerin und Coach, hat sich spezialisiert auf die führungs- und veränderungsrelevanten Fragen der Zusammenarbeit. Ihr Motto „Nimm dein Leben in die Hand“ steht für ihr Tun: rein in den nachhaltigen Erfolg durch Eigenverantwortung und Selbstführung. Sie forscht über die Effizienz von Improvisationstheater zur Veränderungsbegleitung.

Julian Kea, Serious Games Facilitator und Berater, schafft mit praxisnahen Workshop-Methoden aktivierende Lernumgebungen. Er liebt Training from the BACK of the Room, Agile Classrooms, Thiagi's interaktive Trainingsstrategien und LEGO® SERIOUS PLAY®, um nur einige zu nennen.

ISBN Print: 978 3 8006 6455 9
ISBN E-Book: 978 3 8006 6456 6

Wilhelmstr. 9, 80801 München
Satz: Fotosatz Buck
Zweikirchener Str. 7, 84036 Kumhausen
Druck und Bindung: Beltz Bad Langensalza GmbH
Am Fliegerhorst 8, 99947 Bad Langensalza
Umschlaggestaltung: Ralph Zimmermann – Bureau Parapluie

Gedruckt auf säurefreiem, alterungsbeständigem Papier
(hergestellt aus chlorfrei gebleichtem Zellstoff)

Wirkung erzielen

Dieses Buch richtet sich an Fazilitierende, Moderierende und Coaches, die Spiele in ihr Methodenrepertoire aufnehmen möchten. Unabhängig davon, wie viel Vorerfahrung du mit spielerischen Ansätzen hast – dieses Buch setzt keine Kenntnisse voraus. Wenn du als Scrum Master oder Agile Coach Teams dabei hilfst, ihre Zusammenarbeit und Prozesse zu verbessern, zu wachsen oder du dich grundsätzlich für den Einsatz von Serious Games im Unternehmenskontext als Lernkatalysator interessierst, dann ist dieses Buch richtig für dich.

Du erfährst alles, um Spiele im Unternehmenskontext sinnvoll und effektiv einzusetzen. Dabei verstehen wir Spiele als didaktisches Instrument, um das Lernen und Nachdenken der Teilnehmenden im Sinne einer kontinuierlichen Verbesserung ihres (Arbeits-)Alltags zu fördern und zu fordern.

Wir befassen uns mit dem „Wie", also der wirksamen Facilitation von agilen Spielen, und nicht mit dem „Was". Dieses Buch ist also keine Spielesammlung, sondern versteht sich als Ergänzung zu diesen. Ziel dieses Buches ist, dich darin zu unterstützen,

- das Wesen des agilen Spielens zu erklären,
- agile Spiele selbst anzuleiten und als Instrument zur gezielten Entwicklung von Teilnehmenden und Gruppen einzusetzen,
- agile Spiele als eine Profession zu verstehen, die mehr ist, als „nur ein Spiel zu spielen", und
- den Wert von agilen Spielen besser herauszustellen, um beispielsweise gegenüber Auftraggebern (selbst-)bewusster auftreten zu können, wenn es um das „Spielen dürfen" geht.

Die folgenden typischen Fragen rund um das Thema „Spielen" sollen hier beantwortet werden:

- Warum überhaupt spielen?
- Wie wird der Einsatz eines agilen Spiels Schritt für Schritt vorbereitet?
- Welche Stellschrauben (von der Bestandsaufnahme bis zur Umsetzung) gibt es, um Menschen mit Spielen zum Lernen einzuladen?

- Worauf kommt es an, um das von dir angeleitete Spiel mit den Wünschen deiner Kunden in Einklang zu bringen? Wie wird das Spiel im unternehmerischen Sinne „effektiv" und „effizient"?
- Welche Fähigkeiten und Haltungen in der Moderation sind es wert, entwickelt zu werden?
- Was geschieht und muss geschehen, um einen Raum zu schaffen, in dem Menschen sich (freiwillig) ausprobieren?
- Was braucht es, damit die Teilnehmenden nicht nur spielerisch Erfahrungen sammeln, sondern daraus auch für sich und ihren (Arbeits-)Alltag lernen können?
- Was kann alles passieren, wenn man die Teilnehmenden zum Spielen einlädt? Was tust du, wenn die Teilnehmenden noch nicht so weit sind? Wie kannst du damit sicher umgehen?
- Welche anderen Quellen kannst du nutzen, um mehr zu lernen?

Die in diesem Buch vorgestellten Instrumente, Methoden, Tipps und Tricks sind so erklärt, dass du sie selbst anwenden und ausprobieren kannst. Alle wurden aus der Praxis für die Praxis entwickelt. Du findest in diesem Buch zum Beispiel

- eine 8-Punkte-Checkliste, mit der du agile Spiele effektiv und effizient vorbereiten kannst,
- vier Hebel, um agile Spiele effektiv(er) zu machen,
- Methoden zur Sicherung des Gelernten bzw. Absicherung der Effektivität agiler Spiele,
- ein Canvas, um deine agilen Spiele vorzubereiten und zu dokumentieren, oder
- den #TheDebriefingCube als einen Ausgangspunkt für das Debriefing.

Wir sind begeistert, agile Spiele zu spielen! Und wir hoffen, dass auch du Lust darauf hast, die Ideen, die wir in diesem Buch vorstellen, auszuprobieren.

Wir wünschen dir viele Anregungen beim Lesen und dir und deinen Lernenden viel (Lern-)Spaß bei der Anwendung!

Anne & Julian im Sommer 2023

Inhaltsverzeichnis

Wirkung erzielen 5

Kapitel 1: Spielen als wichtige Fähigkeit im 21. Jahrhundert 11

Spielen im Unternehmenskontext 14

Kapitel 2: Wie entwickle ich ein wirksames Workshopdesign? 19

Die vier Phasen wirksamen Workshopdesigns 21

Phase 1: Auftrag 21

Phase 2: Auswahl 23

Phase 3: Aktion 25

Phase 4: Abschluss 25

In acht Schritten zum wirksamen Workshopdesign . 26

Check 1: Bereitschaft anbahnen 27

Check 2: Ziele formulieren 29

Check 3: Fokuspunkte setzen 30

Check 4: Inhalte-Methoden-Kombinationen festlegen 31

Check 5: Einladungen formulieren 32

Check 6: Debriefing planen 35

Check 7: Transfer ausarbeiten 36

Check 8: Wirksamkeit überprüfen 37

Kapitel 3: Die vier Hebel wirksamer agiler Spiele 39

Das Company Game 42

Ansatz 42

Aufbau 42

Ablauf 43

Ausgang 46

Das Company Game und Projektmanagement 47

Die vier Hebel für Wirksamkeit 50

Erster Hebel: Kontext 52

Zweiter Hebel: Fokus 52

Dritter Hebel: Teilnehmende 53

Vierter Hebel: Facilitation 53

Der Serious Games Canvas 55

Kapitel 4: Ein agiles Spiel wirksam fazilitieren . 59

Essenzielle Kompetenzen der Fazilitierenden 62

1. Das eigene Status-Management 62
2. Eine breite und interpretationsfreie Wahrnehmung . 63
3. Nicht-Wissen aushalten 64
4. Sei darauf gefasst, überrascht zu werden 65
5. Konsequentes An- und Abmoderieren des „Magic Circles“ 66
6. Reflektiere deine hilfreiche und hinderliche Haltung 67

Essenzielle Quellen zum Erkenntnisgewinn beim Fazilitieren 68

Kapitel 5: Die Nachbesprechung – Erkenntnis verankern durch das Debriefing 71

Durch wirksame Fragen die Qualität der Reflexion verbessern 75

Spannungen im Reflexionsprozess 79

Deine Haltung und Sprache im Reflexionsprozess . . 81

Was nicht passieren sollte 84

Kapitel 6: Souverän mit Ungeplantem umgehen 89

Den Gutfall planen und das „Was wäre, wenn …“ . 91

Absicht setzen und Aufmerksamkeit ausrichten 93

Konkrete Hilfestellungen bei „Störungen“ 94

Vorwegnahme 94

Utilisation 95

Wenn die Störung schon da ist 95

Falls gar nichts mehr geht 97

Das Unerwartete wird zum Thema des Interesses 98

Die Teilnehmenden kommen zu dysfunktionalen oder „falschen“ Schlussfolgerungen 99

Durch Selbstreflexion wachsen 100

Anhang 103

Referenzen 103

Der Serious Games Canvas – Vorlage 106

Der #TheDebriefingCube 107

1. Perspektive: Ziel 108

2. Perspektive: Prozess 109

3. Perspektive: Gruppendynamik 110

4. Perspektive: Kommunikation 111

5. Perspektive: Emotionen 112

6. Perspektive: Was nun? 113

Index 115

Kapitel 1: Spielen als wichtige Fähigkeit im 21. Jahrhundert

Spielen die meisten von uns nicht gern – auf die eine oder andere Art und Weise und ein Leben lang?

So sehr Menschen vom Spielen fasziniert sind, so sehr hat dieses Thema auch die Kraft, zu polarisieren. Denn obwohl es jede Menge Forschung darüber gibt, wie effektiv und effizient Spielen im Lehr- und Lernkontext sein kann, so gibt es doch jede Menge Vorbehalte, dass Spielen nur etwas für bestimmte Kontexte sei und vor allem nichts im ernsten Geschäftsumfeld zu suchen habe. Natürlich ist das Agieren in Organisationen kein Spiel, aber spielerisches Arbeiten hat sich längst im Berufsalltag etabliert, es wurde lediglich anders bezeichnet: Wir *erleben*, *probieren* aus, *simulieren*, *variieren* oder *experimentieren*, um uns zu verbessern, Einsichten zu erlangen oder Kompetenzen wie kritisches und kreatives Denken, Co-Kreation, Empathie oder Selbstwirksamkeit zu erlernen und zu stärken.

In diesem Buch fokussieren wir auf das zielgerichtete und absichtsvolle Spielen (englisch: *game*) im Rahmen gesetzter Kontexte von Unternehmen. Gleichwohl hat das zielgerichtete Spiel auch immer wieder absichtslose und unterhaltsame Inhalte (englisch: *play*), um wirkungsvoll zu sein und neue Erkenntnisse zu ermöglichen.

Ein Spiel ist eine zeitlich begrenzte Aktivität, in der vorab vereinbarte Regeln und Rollen gelten, ganz gleich, welche Regeln und Rollen außerhalb des Spiels gelten. Spielende sind Menschen, die innerhalb vereinbarter Rollen und Regeln agieren. Dabei begeben sich die Spielenden in einen sogenannten „Magic Circle", einen „magischen Ort", der den Rahmen setzt sowie Raum und Sicherheit gibt.

Die Teilnehmenden interagieren während des Spiels in diesem Raum miteinander, und zwar mit Spielelementen, Regeln und Rollen. Sie lösen Rätsel und Aufgaben durch selbst gewählte Aktionen unter Beachtung der verfügbaren Ressourcen und vereinbarten Regeln. Dabei haben sie unterschiedliche Erlebnisse, Emotionen, Einfälle, treffen Entscheidungen, engagieren sich unterschiedlich – ganz individuell und im Zusammenspiel als Gruppe.

Die didaktischen Funktionen eines agilen Spiels

Damit aus einem Spiel ein agiles Spiel wird, benötigt es bestimmte didaktische Funktionen, nämlich

- den sogenannten Lern-Kontext und eine Lern-Absicht,
- das Sicherstellen des Erkenntnisgewinns in Form von Phasen der Reflexion sowie
- das Gestalten von Verhaltensänderung in Form von Phasen des proaktiven Transfers in den Alltag der Teilnehmenden.

Der Transfer der Erlebnisse der Spielenden vom „Magic Circle" in die „reale" Welt ist das wesentliche Merkmal eines agilen Spiels.

Spielen im Unternehmenskontext

Damit ein Spiel ein wirksames agiles Spiel (auch *Serious Game* genannt) werden kann, werden die „Zutaten" des Spiels, nämlich Regeln, Rollen, Rahmen, Rätsel, Ressourcen und Risikominimierung, an den Lern-Kontext, die Lern-Absicht, die Handlungsziele und die Lernenden angepasst. Durch diese Anpassungen wird ein sinnvolles und wirksames Erlebnis für die Teilnehmenden erzeugt, welches wertvolle Gespräche auslöst sowie Vertrauen und Selbstwirksamkeit stärkt.

Zugleich gelten für das Anwenden von agilen Spielen vielfältige, oft nicht explizit hervorgehobene Annahmen. Hier seien einige erwähnt:

- „Spielende" sind aktiv handelnde, experimentierende und Verständnis konstruierende Teilnehmende.
- Teilnehmende lernen durch ihr Tun, ihr Beobachten und ihr Reflektieren.
- Agile Spiele spiegeln existierende Muster und machen diese sichtbar. Wir verstehen sie als Denkmuster-Unterbrecher.
- Die Teilnahme ist freiwillig. Jedes Spiel beginnt mit dem Konsent. Konsent meint, dass jeder Vorschlag automatisch

angenommen wird, es sei denn, es gibt begründete Einwände dagegen.

- Agile Spiele sind ergebnisoffen: Während des Spielens entstehen Dynamiken unter den Teilnehmenden, und es werden Entscheidungen getroffen, die nicht vorhersagbar sind.
- Ein Erreichen des (vorgegebenen) Spielziels ist dabei genauso wenig zwingend erforderlich wie das Erleben von Spielspaß. Nachhaltige Veränderungen können auch ohne diese erfolgen.
- Eine Reflexion der individuellen Erfahrungen gibt dem spielerischen Erlebnis einen Sinn.
- Die spielerische Sequenz ermöglicht, komplexe Umgebungen zu simulieren sowie das eigene Verhalten darin zu erfahren. Mittels Variationen, Wiederholungen und unterschiedlicher Fokuspunkte können weitere Erkenntnisse ermöglicht werden.
- In einem Spiel gibt es zügiges Feedback – vom Spiel selbst, den Mitspielenden und den Spielleitenden (den Fazilitierenden).

Ein wirksames Agile Game macht darüber hinaus die vier Dimensionen der Bildung[1] und ausgewählte Wissensbereiche reflektierbar und trainiert diese: Wissen, Skills, Charakter und Meta-Lernen. Mit einem agilen Spiel lässt sich also

- benötigtes Wissen aufrufen, auffrischen und aufbauen. Die Teilnehmenden erleben, was sie bereits wissen und was noch nicht.
- im geschützten Rahmen sichtbar machen, wie die Teilnehmenden das, was sie wissen, nutzen.
- Es lassen sich funktionales und dysfunktionales Verhalten und Handeln beobachten, weil das gemeinsame Lösen einer Herausforderung und Lernen allgemein ein sozialer Prozess ist. Mit einer anschließenden Reflexion lassen sich dahinter liegende Motive ergründen und besprechbar machen.
- Darüber hinaus lässt sich das gemeinsam Erlebte im Nachgang von außen und mit Abstand betrachten und reflektieren, um Verbesserungspotenziale zu erkennen und zu heben.

Damit trainiert ein wirksames Spiel die Kompetenzen des 21. Jahrhunderts: Kreativität, kritisches Denken, Kommuni-

[1] Vgl. CCR-Framework in Fadel, Charles/Maya Bialik/Bernie Trilling, Hamburg, 2017.

kation und Kollaboration – auch bekannt unter dem Namen 4K-Modell des Lernens.

Die genannten Anforderungen für ein wirksames Spiel machen deutlich, dass den Spielleitenden eine besondere Bedeutung während eines Spiels zukommt. Wie wir sehen werden, ist insbesondere deren Haltung wichtig (Kapitel 4), sodass ein Spiel effektiv für den Unternehmenskontext einen Lernerfolg schafft (Kapitel 2.5).

Gleichzeitig ist wichtig, dass Spielleiter im Business-Kontext besonderes Augenmerk auf die Explizit-Machung des Wirksamkeitsaspekts eines Spiels haben. Dies geschieht nicht nur, weil sich dann ein Auftraggeber leichter tut, dieses agile Spiel im Gesamtkontext der Leistungs- und Erfolgsorientierung zu verorten, es geschieht auch und vor allem aus dem Verständnis heraus, dass ein Unternehmenskontext nicht frei, sondern determiniert ist durch den Unternehmenszweck.

In diesen Unternehmenszweck darf sich das Spiel fügen. Damit dies zuverlässig gelingt, nutzen wir eine Checkliste, eine Art Schritt-für-Schritt-Anleitung, die den Spielleitenden dabei unterstützt, den Beitrag zum Unternehmenszweck zu klären, die Vorbereitung darauf auszurichten und den Unternehmenszweck damit schlussendlich auch erreichen zu können. Diese Checkliste stellen wir im Abschnitt „In acht Schritten zum wirksamen Workshopdesign" in Kapitel 2 vor.

Ein Spiel ist eine Einladung zum Ausprobieren. Bedenke, eine Einladung kann auch abgelehnt werden! Es gibt jedoch vielfältige Möglichkeiten, eine Einladung so zu gestalten, dass auch zunächst skeptische oder zurückhaltende Teilnehmende sich aufgehoben fühlen und die Einladung – wenngleich auch manchmal unter Vorbehalt – annehmen. Im Verlauf des Buches gehen wir sowohl auf die Möglichkeiten einer Einladung als auch auf die Rolle des Beobachtenden ein.

Dinge, die im Spiel simuliert werden, haben keine direkten Konsequenzen für den Arbeitsalltag der Teilnehmenden. Das stellt sicher, dass sich Teilnehmende leichter auf ein Spiel einlassen und die Teilnehmenden die Einladung zum Spielen auch tatsächlich annehmen. Das Spielen hat aber sehr wohl indirekte Konsequenzen auf den Arbeitsalltag, nämlich durch das Erlebte und die (gemeinsame) Reflexion des Erlebten. Das in der fiktiven Wirklichkeit Erlebte, liefert Inspirationen für den Arbeitsalltag und wird durch Reflexion und Transfer praktisch nutzbar.

Neben der Freiwilligkeit ist die Ergebnisoffenheit eine weitere Stärke. Diese ist der Katalysator, sodass es die Teilnehmenden sind, welche die Simulation zum Leben erwecken können – mit ihrem Fokus, der für ihren Unternehmenskontext passend ist und ihnen im Dreigestirn Teilnehmende – Unternehmen – Ergebnis die beste Lernerfahrung ermöglicht. Dies schließt selbstverständlich die Gestaltung der Lösung sowie das Setzen des Fokus auf das, was ihnen im Moment wichtig erscheint, mit ein.

Didaktisch wird die Wirksamkeit von agilen Spielen auch durch folgende Punkte verdeutlicht:

1. Die Teilnehmenden sind (pro-)aktiv, können in das Geschehen eingreifen, wenden Wissen direkt an, konstruieren ihr Verständnis aktiv und lernen so.
2. Agile Spiele können die Selbstwirksamkeitserwartung[2] der Teilnehmenden stärken.
3. Agile Spiele geben ein direkt erfahrbares Feedback über das eigene Verhalten und dessen Wirksamkeit. Dies ist eine wichtige Voraussetzung für das Lernen.
4. Die Teilnehmenden interagieren in agilen Spielen, arbeiten zusammen und erstellen ihre Lösung in Echtzeit. In einem spielerischen Lernformat wird Lernen als ein sozialer Prozess gefördert – eine weitere wichtige Voraussetzung für das Lernen.
5. Agile Spiele werden häufig so entwickelt, dass die Teilnehmenden gezielt scheitern. Dadurch können (und müssen) verschiedene Lösungsansätze ausprobiert werden. Ein agiles Spiel hat also einen positiven „Return-on-Failure“[3].

---

[2] Der kanadische Psychologe Albert Banduras beschreibt in seiner sozialkognitiven Lerntheorie die Selbstwirksamkeit als eine wichtige Voraussetzung dafür, ob ein Lernprozess in Gang kommt und inwieweit Anstrengungen zur Überwindung von Schwierigkeiten unternommen werden (vgl. Bandura, Albert: Self-efficacy: The exercise of control, New York: Macmillan Learning, 1997).

[3] Die Professoren Julian Birkinshaw und Martine Haas definieren „Return-on-failure“ als (Lern-)Ergebnis dividiert durch den Aufwand, der für die Generierung dieses Ergebnisses betrieben wurde (vgl. Birkinshaw, Julian/ Martine Haas: Increase Your Return on Failure, Brighton, Massachusetts, USA: Harvard Business Publishing, 2016).

6. Nach Bewältigung der Herausforderung (ggf. auch nach kurzer Frustration oder Angst) werden die Teilnehmenden mit Glücksgefühlen belohnt. Emotionen färben eine Erfahrung und machen es wahrscheinlicher, dass Informationen wahrgenommen und behalten werden. Stellen Sie sich Emotionen als chemische Post-its vor, sagt John Medina.
7. Emotionen und Motive werden fühlbar, beobachtbar und diskutierbar.
8. Ein agiles Spiel wird im anschließenden Debriefing lernzielorientiert eingeordnet. Das Debriefing (auch Nachbesprechung, „Manöverkritik“ oder Auswertung genannt) regt die Reflexion der Teilnehmenden an, um individuelles und kollektives Lernen zu ermöglichen. Emotionen können mit einem gewissen Abstand zum Spiel zur Sprache gebracht werden.

Zusammenfassung

Wir haben gesehen, dass das Wort „Spielen“ die Konzepte *Play* und *Game* vereint und herausgearbeitet, dass im Unternehmenskontext der Fokus auf letzterem liegt. Hierzu haben wir auf den bekannten Begriff des agilen Spiels (auch Serious Games genannt) zurückgegriffen, ihn erläutert und die wesentlichen Merkmale für den Unternehmenskontext dargestellt. Dabei haben wir gesehen, dass nicht nur das Spiel selbst, sondern der Unternehmenskontext, die Spielenden und der erwartete Beitrag zum Unternehmenszweck das Spiel zu einem wirksamen Instrument machen.

Wie diese Elemente konkret ausgestaltet und vom Fazilitierenden in die Vorbereitung und Durchführung von Spielen eingearbeitet werden können, darauf gehen wir im nächsten Kapitel ein. Ein Workshopdesign gliedert sich mit dieser Erkenntnis in vier konkrete Phasen, die im Folgenden vorgestellt und zu deren inhaltlichen Erarbeitung wir eine acht Punkte umfassenden Checkliste präsentieren, welche es ermöglicht, sich strukturiert auf die Spielemoderation vorzubereiten.

Kapitel 2: Wie entwickle ich ein wirksames Workshopdesign?

Spiele betten sich in Workshops[4] ein. Damit deine Workshops erfolgreich sind, ist eine gute Vorbereitung notwendig. So sind beim Workshopdesign wiederkehrende Elemente und Fragestellungen zu klären. Diese stellen wir in diesem Kapitel als eine Art Schritt-für-Schritt-Anleitung mit Checkliste vor. Es stellt sicher, dass du vom Auftragsgespräch über den Aufbau bis zum Abschluss alles bedenkst und so die Wirksamkeit deines Workshops erhöhst.

Die Checkliste „Wirksames Workshopsdesign" ist in die vier Phasen unterteilt: Auftrag, Auswahl, Aktion und Anschluss.

Die vier Phasen wirksamen Workshopdesigns

Phase 1: Auftrag

Die erste Phase beinhaltet die Auftragsklärung, die Klärung der Bereitschaft deiner Kunden für ein interaktives Format sowie die Definition verschiedener Zielzonen.

Ein gutes Auftragsklärungsgespräch ist ein wichtiges Fundament für den Erfolg deines Workshops. Zudem gibt dir ein gutes Verständnis der aktuellen Situation deiner Teilnehmenden erste wichtige Hinweise, welche Fokuspunkte, Gesprächsthemen und Meilensteine du in dein Workshopdesign einbauen möchtest.

Eine fragende und neugierige Haltung bei der Bestandsaufnahme einzunehmen, ist empfehlenswert. Ebenso empfehlenswert ist, die gewonnenen Informationen mit einem gewissen Abstand, ja fast einer gesunden „Ignoranz" zu betrachten. Denn die eigenen Vorstellungen über die zu betrachtende Situation beeinflussen diese bereits. Sei dir also deiner eigenen Annahmen, inneren Bilder und Hypothesen bewusst, damit diese deine Haltung, dein Workshopdesign und letztlich auch die Kontaktaufnahme und damit deine Wirkung nicht ungewollt oder gar negativ beeinflussen.

Den Auftraggeber direkt nach den bisherigen Workshoperfahrungen der Teilnehmenden zu fragen, ist eine gute Gelegen-

[4] Den Begriff „Workshop" verwenden wir gleichbedeutend mit Meeting, Training oder Trainingsprogramm.

heit, Offenheit und Bereitschaft für interaktive dynamische Workshopdesigns in Erfahrung zu bringen. Vielleicht haben ja deine Teilnehmenden bereits erste Erfahrungen gesammelt und Meinungen zu Simulationen, agilen Spielen und anderen aktiven Trainingsformaten. Gegebenenfalls ist es schon bei der Bestandsaufnahme angezeigt, Hypothesen zu formulieren, Erwartungen zu adressieren, neugierig zu machen und erste Designideen oder Möglichkeiten ins Spiel zu bringen.

Die Ziele eines Workshops sollten immer als Handlungsziele formuliert sein, du solltest also während deiner Arbeit mit den Teilnehmenden, spätestens jedoch nach dem Workshops, die gewünschten Verhaltensveränderungen wahrnehmen können. Je genauer du und dein Auftraggeber beschreiben können, was ihr beobachten wollt, desto besser. Nutze bei der Zielformulierung beobachtbare Verben, wie beispielsweise *erklären*, *präsentieren*, *demonstrieren*, *entscheiden*, *entwerfen* oder *nutzen*. Sie ermöglichen dir, klare Handlungen (auch Verhaltensanker genannt) zu beschreiben. Handlungsziele, die wir in unserer Praxis bereits verwendet haben, umfassen beispielsweise:

Die Teilnehmenden

- diskutieren über die Vor- und Nachteile eines Themas,
- machen auf der Grundlage ihrer Beobachtungen proaktiv Vorschläge,
- erarbeiten mögliche pragmatische Verbesserungen für ihre tägliche Arbeit, beispielsweise um besser zusammenzuarbeiten,
- geben einander Feedback,
- entwickeln ein breites Spektrum möglicher, zielführender Aktivitäten,
- brechen eine komplexe Aufgabe in ihre Einzelteile herunter,
- wenden ein bestimmtes Modell oder ein bestimmtes Framework an, um Lösungen zu finden.

Neben den kommunizierten Zielen eines Workshops gibt es auch jene, die nicht kommunizierbar sind – quasi das, „was zwischen den Zeilen mitschwingt". Das können Ziele sein, die über die Handlungsziele für die Teilnehmenden hinausgehen, beispielsweise Raum zu bereiten, um bestimmte Themen sichtbar zu machen und zu diskutieren oder mit gutem Beispiel voranzugehen. Darüber hinaus sind dies häufig auch deine persönlichen

Ziele der Moderation, wie beispielsweise etwas Bestimmtes zu tun oder eben nicht, etwas Bestimmtes zu sagen oder eben nicht, um eine bestimmte Erfahrung zu ermöglichen. Auch hier lohnen Handlungsverben zur Beschreibung, denn damit wird deine Retrospektive erleichtert.

Mit den gesammelten Informationen des Kunden und den formulierten Handlungszielen kannst du nun die zweite Phase starten.

Phase 2: Auswahl

Die zweite Phase beinhaltet das Bestimmen der Fokuspunkte. Konkret beantwortest du damit, welchen Schwerpunkt der Workshop setzen soll. Das können spezifische Punkte sein, aber auch ganze Themenblöcke (sogenannte Fokusthemen). Um sich den Fokuspunkten zu nähern, helfen die folgenden Fragen:

- Worüber soll mehr Klarheit erzeugt werden?
- Welche Gespräche müssen geführt werden?
- Welche Themen sind unverzichtbar?

Die Themenliste kann auch aus konkreten Inhaltsteilen, ersten Übungsideen, Workshopfragen und zu erstellenden Artefakten bestehen. Wichtig ist, dass all diese Punkte auf die vorab definierten Lernziele im Auftrag aus Phase 1 einzahlen. Das heißt, sie müssen für die Teilnehmenden beim Erreichen der Lernziele dienlich und wertstiftend sein.

Mit diesen Fokuspunkten im Blick kann die Designarbeit beginnen. Mit Workshopdesign ist die Kombination und Sequenz von Inhalten und Methoden gemeint. Einen guten Orientierungsrahmen für die detaillierte Schrittfolge beim Einsatz eines agilen Spiels bietet der Serious Games Canvas, den wir in diesem Buch noch vorstellen werden (siehe Seite 106). Der Canvas soll dich stets daran erinnern, das agile Spiel im Detail nach möglichen Anpassungen in Richtung bzgl. der Lernziele hin zu untersuchen und so die Spieledynamik an der Realität der Teilnehmenden auszurichten. So wird jedes Spiel wirksamer und wertvoller für die Teilnehmenden.

Ein weiterer Einstieg in die Trainingsgestaltung ist das 4C-Instruktionsdesign-Modell (auch 4C-Landkarte genannt) der Unternehmensberaterin und Trainerin Sharon Bowman[5].

Unabhängig davon, welches Trainingsdesign-Framework du schließlich nutzt, achte darauf, dass dir alle Kernbotschaften und Methoden jederzeit klar sind. Dies ist sehr wichtig, um während des Moderierens den Überblick zu behalten, zu verstehen, wo du abweichst, und welche Auswirkungen das auf die ausgewählten Themen und Methoden haben kann.

Tipp

Muss es einen Plan B für deinen Ablauf geben?

Wenn dein Design für dich stimmig ist, macht es Sinn, die Elemente, welche aufeinander aufbauen, danach zu untersuchen, wie sie ohne die erwartete Erkenntnis oder Übungsergebnisse bei den Teilnehmenden funktionieren können.

Geht das überhaupt? Welche Alternativen gibt es, die Erkenntnisse zu ermöglichen? Was genau würdest du machen, wenn ein Teil deines Design nicht funktioniert?

Diese Alternativen ebenfalls in dein Trainingsdesign aufzunehmen, kann also sinnvoll sein, um im Fall der Fälle auf die Teilnehmenden und die Gruppe fokussiert bleiben zu können.

Mehrere interaktive Elemente in einer passenden Sequenz, mit stimmigen Übergängen und Überleitungen machen ein robustes Trainingsdesign aus.

[5] In ihrem Buch „Training from the BACK of the Room" beschreibt Sharon Bowman forschungsbasierte Lernprinzipien und stellt Dutzende von Lernaktivitäten vor, die bei der Gestaltung wirksamer und interaktiver Workshops berücksichtigt werden können. Dabei nutzt sie die 4C-Landkarte, ein empfehlenswertes vierstufiges Modell, um Trainingskonzepte zu entwerfen und zu gestalten. 4C steht dabei für die vier Schritte Verbindungen (engl. connections), Konzepte (engl. concepts), konkretes Üben (engl. concrete practice) und Schlüsse ziehen (engl. conclusions).

Phase 3: Aktion

Die dritte Phase besteht aus der Vorbereitung einer einladenden und inklusiven Moderation, dem Debriefing und einer Einladung der Teilnehmenden zu zukünftigen Schritten wie Verbesserungen, Experimenten, Feedback und Retrospektiven.

Wann beginnt die Einladung zum agilen Spiel? Diese Frage kann sehr viele Antworten haben. Sie kann zum Beispiel mit dem ersten Kontakt zu deinen Teilnehmenden beginnen, vielleicht per E-Mail, vielleicht beim Begrüßen zum Workshop, vielleicht erst in dem Moment, in dem du die Materialien aufbaust.

Dabei gilt, besonders darauf zu achten, wie du die Einladung gestaltest, kommunizierst und formulierst – hierzu zählen wir auch ausdrücklich non-verbale Signale. Und du solltest dir bewusst sein, wie sich deine Präsenz und aktuelle Verfassung sowie die der Teilnehmenden und der Gruppe darauf auswirkt, ob und wie deine Einladung angenommen wird.

„Sprache schafft Realität" heißt es. Um die passenden Worte zu finden, solltest du einerseits gut vorbereitet und andererseits bereit sein, über deine Vorbereitung hinauszuwachsen. Was wir damit meinen, ist, deine Wahrnehmungen in Echtzeit mit in deine Moderation aufzunehmen. Was ist jetzt stimmig? Wie kannst du deiner Intuition folgen? Was gilt es jetzt auszusprechen, zu hinterfragen und welche konkreten Schritte können auf Basis des Erlebten im Arbeitsalltag vereinbart werden?

Phase 4: Abschluss

Die vierte und letzte Phase fokussiert alles, was nach dem Spiel oder Workshop passiert, also den Transfer und die Wirksamkeit im Alltag der Teilnehmenden.

Der Transfer kann vielseitig gestaltet werden. Hier eine kleine Auswahl an Möglichkeiten:

- Eine Erinnerung an den Workshop, z.B. verbunden mit der Dokumentation, Lesetipps oder einer Vertiefungsaufgabe;
- eine Umfrage zur Umsetzung und Wirksamkeit;
- eine Retrospektive rund um die Umsetzung der vereinbarten Experimente;

- ein Unterstützungsangebot, beispielsweise durch die Führungskraft oder als kollegiale Beratung durch das Team;
- ein Umsetzungscoaching;
- Zeit und Raum, um die neuen Erkenntnisse in den Arbeitsalltag einzubringen;
- Lerngruppen, Lerntandems oder eine „Community of Practice" zu den Fokusthemen;
- die Möglichkeit, die eigenen Erfahrungen und das neu erworbene Wissen intern weiterzugeben;
- sich gegenseitig pro-aktiv Feedback zu den Fokusthemen geben.

So kann deine Intervention durch das Erlebte und Reflektierte, durch das Umsetzen der vereinbarten Experimente und Verbesserungen wirken. Denke daran, dass die Wirkung nicht immer nur positiv sein muss. Du und deine Teilnehmenden sollten daran denken, dass es auch einen „Preis" für Veränderungen gibt: der Aufwand kann steigen, Experimente können scheitern, Neues fühlt sich ungewohnt an.

In acht Schritten zum wirksamen Workshopdesign

Jede der vier vorstellten Phasen besteht aus zwei Schritten, welche wie ein Prüfstein für die Wirksamkeit deines Workshopdesigns dienen. Da die Schritte aufeinander aufbauen, ist es unserer Erfahrung nach sehr hilfreich, wenn du den vorausgehenden Schritt für dich eindeutig und konkret beantworten kannst, bevor du dich dem nächsten widmest. So wird es möglich, die schier unendlichen Möglichkeiten eines Workshopdesigns zügig auf eine Auswahl und Sequenz einzugrenzen, welche für deine Teilnehmenden, euer Ziel und die gegebenen Rahmenbedingungen Erfolg verspricht.

Tipp

Jeder Schritt startet mit einer konkreten Impulsfrage und endet mit einer konkreten Entscheidung und einem Ergebnis.

Die acht Schritte sind:

1. Bereitschaft anbahnen
2. Ziele formulieren
3. Fokuspunkte setzen
4. Inhalte-Methoden-Kombinationen festlegen
5. Einladungen formulieren
6. Debriefing planen
7. Transfer ausarbeiten
8. Wirksamkeit überprüfen

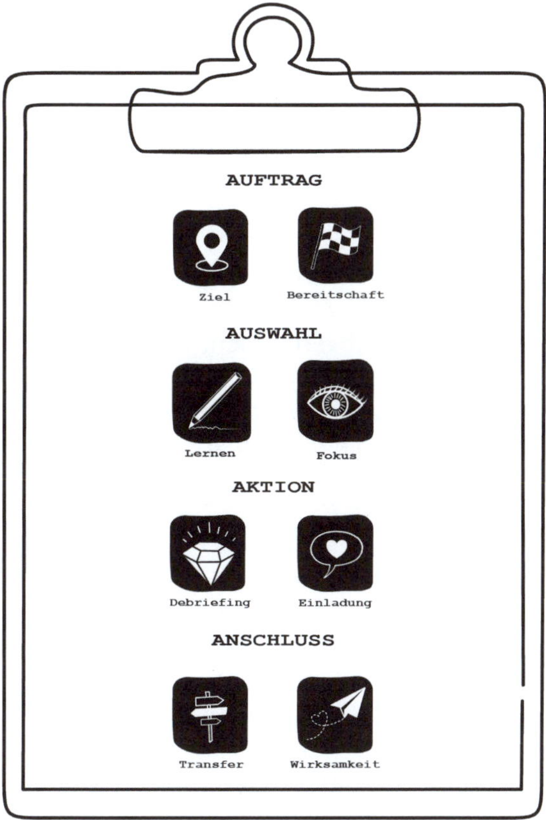

Check 1: Bereitschaft anbahnen

Bei der ersten Kontaktaufnahme oder dem ersten Gespräch mit deinen Auftraggebern solltest du Fragen stellen, selbst möglichst wenig reden, stattdessen zuhören und hinspüren.

Ein einfacher Fragenkatalog genügt, um dein Gegenüber ins Reden zu bringen.

Beginne mit dem Ende und der Wirkung im Blick – mit Fragen wie:

- Was soll nach deinem Einsatz anders sein?
- Wie wird der Transfer sichergestellt?
- Was haben die Teilnehmenden bereits versucht? Mit welchem Erfolg?
- Was sollen/dürfen/können die Teilnehmenden alles selbst verändern?
- Welche Ergebnis-Arten/Artefakte sollen idealerweise entstehen?
- Wie wird mit den Workshop-Ergebnissen umgegangen?
- Wann finden weitere Entscheidungen, die Umsetzung und eine Retrospektive statt?

Fragen zur Ausgangslage:

- Sind die Ausführungen deines Gegenübers neutral beschreibend oder wertend? Welche Zahlen, Daten, Fakten oder Emotionen sind damit verbunden?
- Sind die Beschreibungen problem- oder lösungsorientiert, vergangenheits- oder zukunftsorientiert?
- Wie geht es den Teilnehmenden, Betroffenen und Stakeholdern mit dem Status quo?

Fragen zu den Teilnehmenden:

- Was treibt deine Teilnehmenden an (ihre Themen anzugehen)?
- Wie geht es den Teilnehmenden, Betroffenen und Stakeholdern mit dem Status quo?
- Welche Gespräche müssen geführt werden, damit es ein erfolgreicher Workshop wird?
- Haben die Teilnehmenden Präferenzen für bestimmte Workshopmethoden? Wenn ja, für welche und warum?
- Wie hoch ist die Bereitschaft für interaktive und ergebnisoffene Methoden und agile Spiele?

In einem guten Bestandsaufnahme-Gespräch erhältst du eine erste Ideensammlung für Zielformulierungen, Themen-Schwerpunkte und vielleicht auch schon erste Methoden, Übungen und, falls passend, agile Spiele.

Die Fragen aus Kapitel 5 „Die Nachbesprechung – Erkenntnis verankern durch das Debriefing“ (ab Seite 71) und die sechs Perspektiven des #TheDebriefingCube (Ziele, Prozesse, Gruppendynamik, Kommunikation, Emotionen, Was nun?) aus dem Anhang eignen sich auch sehr gut zur Analyse der Ausgangslage.

Tipp

Für eine gute Gesprächsvorbereitung empfehlen wir das Buch *Beratung und Therapie optimal vorbereiten* von Manfred Prior.

Check 2: Ziele formulieren

Formuliere deine Workshop-Ziele so, dass sie für die Teilnehmenden erreichbar erscheinen und beobachtbar sind. Vermeide dagegen Verben wie *lernen*, *wissen*, *verstehen*, da dies nicht beobachtbare Handlungen sind. Solche durch dich und die Teilnehmenden beobachtbaren Handlungsziele helfen, die richtigen Erwartungen zu ermöglichen, den gesamten Workshop daraufhin auszurichten und gemeinsam zu überprüfen, ob diese Ziele erreicht wurden.

Darüber hinaus solltest du dir auch Ziele für dich und deine Moderation setzen, sogenannte interne Ziele. Im Gegensatz zu den externen Zielen kommunizierst du diese mit niemandem, höchstens mit deiner Co-Moderation. Interne Ziele können dir helfen, deinen Fokus zu halten – beispielsweise eine bestimmte Sprache, die du verwenden willst, oder eine bestimmte An- oder Abmoderation. Die Ziele können auch deine Teilnehmenden betreffen, die du zur Reflexion eines bestimmten Verhaltens oder zum Offenlegen eigener Motive einladen möchtest. Selbstverständlich sollten auch deine internen Ziele als Handlungsziele formuliert sein, sodass du sie leichter in dein Workshopdesign einbauen und in deiner anschließenden Retrospektive zielgerichtet reflektieren kannst.

Falls du zu viele Ziele im Blick hast, teile diese in zwingend erforderliche und optionale Ziele auf. Optionale Ziele werden nur dann bearbeitet, wenn genügend Workshopzeit zur Verfügung steht oder du sie in die Hände der Teilnehmenden legen kannst. So könnte beispielsweise das Ziel „Die Teilnehmenden beschreiben für sich möglichst konkret ein Experiment, welches sie direkt nach dem Workshop in der Praxis umsetzen werden und halten dieses schriftlich fest." durch die Teilnehmenden auch nach der Workshopzeit bearbeitet werden, indem du sie die Durchführung vorbereiten und einen Anschlusstermin vereinbaren lässt.

Tipp

Es ist eine gute Praxis, deine Zielformulierungen in einem weiteren Termin mit deinen Auftraggebern zu besprechen und gegebenenfalls nachzuschärfen.

Check 3: Fokuspunkte setzen

Fokuspunkte sind alle Themen, Situationen, Hypothesen, Gefühle, Überzeugungen und die Sichtachsen auf diese, die du im Workshop ermöglichen möchtest.

Hier solltest du die Devise, weniger ist mehr, wörtlich nehmen. Statt viele Themen einfach nur abzuhaken und zu touchieren, macht es mehr Sinn, dich stets zu hinterfragen, ob dieser Inhalt für das Erreichen der vorab definierten Handlungsziele essenziell ist. Falls nein, dann biete den Inhalt doch lieber in einer „Bonus-Playlist" als Video, Internetsammlung, Podcast oder separaten Workshop an.

Besser als eine reine Themensammlung eignet sich eine Sammlung an Fragen, welche die Teilnehmenden im Workshop zu beantworten suchen. Es heißt ja nicht umsonst: Wer fragt, der führt. Entscheide, ob du vergangenheits- oder zukunftsorientierte, problem- oder lösungsfokussierte Fragen stellen wirst. Wie kannst du deine Fokusthemen und Fragen so formulieren, dass deine Teilnehmenden emotional reagieren? Hier Beispiele aus unseren Workshops:

- Was lief bislang richtig gut?
- Auf welche Szenarien gilt es sich vorzubereiten?
- Wer seid ihr und wer oder was wollt ihr sein?
- Welche Gegebenheiten haben zur aktuellen Situation geführt?

- Wie könnt ihr das beste Team werden, was ihr heute sein könnt?
- Was ist das Thema X und inwiefern ist dies relevant für unseren Arbeitsalltag?

Je genauer dir und deinen Teilnehmenden klar ist, worum es in einem Termin geht, desto leichter wird es allen fallen, den Fokus zu halten bzw. zu erkennen, wann ihr das Fokusthema verlasst.

Vielleicht entscheidest du dich auch dazu, den Teilnehmenden vorbereitendes Material zum Anschauen, Zusammenfassen oder Ausfüllen zuzusenden. Auch hier hilft dir das klare Benennen des Fokus, um Erwartungen zu steuern und deine Teilnehmenden einzuladen, zielgerichtet ihre Vorerfahrungen zu reflektieren.

Check 4: Inhalte-Methoden-Kombinationen festlegen

Das Design ist die Auswahl und Kombination von Inhalten und Übungen in einer stimmigen Sequenz. Neben einem positiven und wertschätzenden Start solltest du die psychologische Sicherheit deiner Teilnehmenden fördern. Das Konzept der psychologischen Sicherheit meint die gemeinsame Überzeugung von Team-Mitgliedern, dass sie sicher sind, wenn sie zwischenmenschliche Risiken eingehen.[6]

Du kannst eine für deine Teilnehmenden sichere Zeit und einen sicheren Raum eröffnen, indem du beispielsweise sie und ihre Beiträge würdigst, gegenseitiges Unterstützen und Vertrauen förderst, einen inklusiven, alle mit einbeziehenden Workshop moderierst und Möglichkeiten schaffst, damit die Gruppe ihre Selbstwirksamkeitserleben kann. Brené Brown verwendet ein Murmelglas als Metapher für die Botschaft, dass Vertrauen langsam, mit der Zeit und in kleinen Momenten und Schritten beziehungsweise Murmel für Murmel aufgebaut wird.[7]

---

[6] Vgl. Edmondson, Amy/Kathryn Roloff: Leveraging diversity through psychological safety in Salas, Eduardo/Gerald F. Goodwin/C. Shawn Burke: Team Effectiveness In Complex Organizations: Cross-Disciplinary Perspectives and Approaches, Oxfordshire, Vereinigtes Königreich: Routledge, 2009.

[7] Integration Idea Trust I: The Marble Jar, Brené Brown, https://brenebrown.com/wp-content/uploads/2021/09/Integration-Ideas_Trust-1-The-Marble-Jar_092221-1.pdf, abgerufen am 23. Mai 2023.

Wie genau die Teilnehmenden auf dein Design, deine Moderation und deine Einladungen reagieren werden, kannst du an dieser Stelle natürlich nur durch deine Vorerfahrungen und einen bewussten Perspektivwechsel erahnen. Falls gewünscht, kannst du an dieser Stelle bereits ein paar Sequenzvarianten oder einen alternativen Plan B durchdenken und so deine Flexibilität bei Unerwartetem erhöhen. Was tust du beispielsweise, wenn Teilnehmende ein anderes Thema fokussieren und wichtiger finden? Was, wenn die Simulation oder das Spiel zu schwer sind und sie es nicht „lösen" können? Wie gehst du damit um, wenn alles länger dauert?

Tipp

Ein agiles Spiel dient hier als Metapher für die Fokusthemen, welche durch deine Teilnehmenden zum Leben erweckt werden. Daher musst du dich auch nicht darum sorgen, den Teilnehmenden zu erklären, warum diese Aktivität für sie relevant ist; frage deine Teilnehmenden im Anschluss, was an und warum dieses Spiel für sie relevant war!

Check 5: Einladungen formulieren

Manchmal werden Begriffe wie Wegbegleiter, Lernhelfer oder Gastgeber als Synonyme für Facilitation gebraucht. Allen gemein ist, dass sie pro-aktive Tätigkeiten sind, die Präsenz, Fokus und das realistische Einschätzen der eigenen Fähigkeiten und Fertigkeiten benötigen.

Tipp

Du bist das wichtigste „Werkzeug" deiner Facilitation. Deine Haltung, Präsenz, Sprache und Taten wirken. Sei dir derer bewusst und entwickle sie stets durch Reflexion weiter.

Haltung (Herz)

Deine Haltung ist der Subtext deiner Handlungen, der Filter deiner Wahrnehmungen und bestimmt maßgeblich, wie du etwas bewertest. Sie emotionalisiert, erweckt deine Taten und Worte zum Leben und gibt ihnen Gewicht und Bedeutung. Haltungen lassen sich gut mit eigenen Überzeugungen und Werten beschreiben.

An dieser Stelle listen wir einige Skalen auf, welche dir ermöglichen, hilfreiche Haltungen zu erforschen. Die Endpunkte sind jeweils zwei sich gegenüberstehende und in ihrer Konsequenz meist ausschließende Dimensionen. Die zwischen diesen Polen entstehende Achse ergibt die Bandbreite möglicher Haltungen und erleichtert für die Moderation, zu klären, welche Haltung du einnehmen möchtest.

Dabei sind die Pole an sich weder gut noch schlecht, sondern können in einem bestimmten Kontext mit einer bestimmten Gruppe hilfreich sein oder eben nicht. Für uns hat sich bewährt, nicht nur die Moderation von diesen Blickwinkeln her zu betrachten, um mögliche blinde Flecken zu erkennen und unser Selbstbewusstsein zu stärken, sondern auch unsere Zusammenarbeit mit den Auftraggebern im Vorfeld und mit den Teilnehmenden im Nachgang sowie unsere Arbeit am Trainingsdesign. Du kannst mithilfe der Skalen auch die Reflexion über deine Arbeit vertiefen.

Was ist dir in der Zusammenarbeit wichtiger? Und was beim Moderieren?

Wann tendierst du wohin? Worin möchtest du gern flexibler werden? Wie verändern sich deine Präferenzen, wenn es stressiger wird? Welche Achsen kannst du ergänzen?

Präsenz (Hirn)

Deine Anwesenheit und Aktivitäten, Wachheit und Wahrnehmungen sowie dein Fokus sind die Voraussetzungen, um zu wissen, ob das, was gerade emergiert und passiert, stimmig, passend und wertvoll ist.

Du kannst Schritt-für-Schritt deinen Fokus ausweiten – von dir, deiner Intuition auf deine Gruppe und weiter auf die einzelnen Teilnehmenden. So kannst du einen „sicheren Raum aufmachen und halten". Das bedeutet ganz konkret, auch komplexe Themen zu ermöglichen, wahrzunehmen und zu bearbeiten. Kombiniert mit deiner einladenden Haltung ermöglichst du dir und deinen Teilnehmenden, angemessen zu reagieren.

Auch Entscheidungen, die du nicht treffen, und Handlungen, die du nicht tun würdest, werden im Raum, den du für deine Teilnehmenden schaffst, möglich und wertvoll.

Deine Präsenz ist ebenso zwingend erforderlich, solltest du dich entscheiden, von deinem Design abzuweichen, Elemente in Echtzeit zu variieren oder gar ausschließlich mit Themen, die in Echtzeit entstehen und emergieren, zu arbeiten.

Das, was mit dir „in Resonanz geht" und so deine besondere Aufmerksamkeit erhält, kann ein wichtiger Fingerzeig für etwas sein, was vielleicht angesprochen werden sollte oder was dir wichtig ist. Bevor du deinen Impulsen spontan nachgibst, halte kurz inne und überprüfe, ob du im Sinne der Fokusthemen und Zielzone handeln musst – jetzt oder später – und ob dein Handeln den Teilnehmenden dient.

Worte & Taten (Hand)

Durch deine Sprache und durch das, was du tust, nimmst du Einfluss auf das, was geschieht. Und selbstverständlich auch durch das, was du nicht sagst und nicht tust.

Du kannst Teilnehmende gezielt ansprechen und zur Partizipation einladen, du kannst Tipps geben und wertvolle Informationen streuen. Themen, Emotionen und Wahrnehmungen, welche durch dich an- und ausgesprochen werden, können Teilnehmende dazu anregen, diese auch zu formulieren und so besprechbar zu machen.

Deine Körpersprache kann solche Botschaften gezielt unterstützen und verstärken. Sie ist sogar in der Lage, das gesprochene Worte ganz zu ersetzen. Deine Platzierung im Raum, Signale oder das stumme Begleiten eines Teilnehmenden kann viel bewirken. Sei dir deiner Sprache daher bewusst, achte auf die Reaktionen deiner Teilnehmenden und wiederhole dich gern mehrfach und mit passenderer Wortwahl.

Tipp

Im Abschnitt „Essenzielle Kompetenzen der Fazilitierenden" ab Seite 62 haben wir weitere wichtige Fähigkeiten und Aufgaben von Facilitation zusammengestellt.

Check 6: Debriefing planen

Nach einem gemeinsamen Erlebnis gilt es, die individuellen Erfahrungen für die Teilnehmenden wahrnehmbar, sichtbar und besprechbar zu machen.

Dies kann auf vielfältige Weise geschehen: als Kleingruppengespräch, als Skalenabfrage mit Positionierung aller Teilnehmenden im Raum, als visuelle Metapher, als Frage oder als Formulierung von Prinzipien und Experimenten.

Ziele eines Debriefings sind neben der Reflexion auch

- der Perspektivwechsel durch das Verstehen der Wahrnehmung der anderen;
- das pro-aktive Verlassen des „Magic Circle" des Spiels, das heißt das Zurückkehren zum Hier-und-Jetzt, und
- das Extrahieren von hilfreichen und dysfunktionalem Verhalten im Spiel und das Projizieren auf den Arbeitsalltag – eine wichtige Brücke für Transfer und Commitment und zum Einlassen auf Verbesserungsimpulse für die unmittelbare Zukunft.

Nein, das Commitment muss nicht immer eine Wer-macht-was-bis-wann-Liste sein. Feedback, ein Retrospektive-Termin oder die erhöhte Sensibilität für bestimmte Verhaltensweisen können ebenfalls hilfreiche Ergebnisse darstellen.

Tipp

Im Kapitel 5 stellen wir weitere Möglichkeiten des Debriefings vor.

Check 7: Transfer ausarbeiten

Der Transfer in den Arbeitsalltag ist eine wichtige Phase, um die Wirksamkeit deiner Interaktionen und Interventionen sicherzustellen.

Die bereits erwähnten beobachtbaren Handlungsziele helfen den Teilnehmenden und Nicht-Teilnehmenden, nach konkret beobachtbaren Verhaltensänderungen Ausschau zu halten.

Die entstandenen Artefakte und Notizen, konkrete Experimente und Entwicklungsziele für die Gruppe, das Team und jeden Einzelnen (mit und ohne Einbeziehen der Führungskraft) sowie ein kollegiales Beratungsformat (und optionales Coaching-Angebot) können ebenfalls hilfreich sein, um die Umsetzungsmotivation zu stärken.

Grundsätzlich sollten die Teilnehmenden die Gelegenheit und den Raum bekommen, das neu Erlernte anzuwenden, On-the-job zu reflektieren und eine pro-aktive Unterstützung durch Kollegen und Führungskräfte zu erfahren. Raum für die Lerninhalte kann auch bedeuten, Lerngruppen, Lerntandems oder eine „Community of Practice" zu etablieren oder das neu erworbene Wissen intern weiterzugeben.

Tipp

Sehr kurze anonyme qualitative und quantitative Befragungen können einerseits als geschickte Erinnerung und Wiederholung der Fokusthemen dienen und andererseits sinnvolle Unterstützungsmöglichkeiten sichtbar machen. Die Befragung einer Kontrollgruppe ohne Trainingsangebot kann die Aussagekraft der gesammelten Daten weiter erhöhen.

Check 8: Wirksamkeit überprüfen

Ausgehend von der Ausgangslage, deinen externen und internen Handlungszielen sowie den neuen Status quo im Blick kann die Wirksamkeit eingeschätzt werden. Quantitativ und qualitativ: Nach welcher Zeit ist geplant, Feedback vom Auftraggeber und den Teilnehmenden einzuholen? Was genau, wie viel oder wenig wurde umgesetzt? Sind die gewünschten Effekte eingetreten? Haben die Teilnehmenden auf Erfahrungen aufgebaut? Wie sind die Teilnehmenden mit etwaigen Widerständen umgegangen?

Zur Wirksamkeitsprüfung gehört auch die deines Designs, deiner Interaktionsauswahl und deines Wirkens. Überdenke selbstkritisch, was du über dich, dein Design, die Teilnehmenden und deren Realität und die Welt gelernt hast. Hier kommen drei Impulse, wie du gezielt reflektieren kannst:

1. **Rekonstruiere:** Was hast du dir vorgenommen? Was hast du tatsächlich gemacht? Welchen Fokus wolltest du ermöglichen? Ist dir dies gelungen? Nutze die acht Schritte zum wirksamen Workshopdesign als Checkliste, den Serious Games Canvas (siehe Seite 106) und deine Notizen, um das, was passiert ist, zu verstehen und dich für das nächste Mal vorzubereiten.
2. **Teile:** Reflektiere deine Beobachtungen und Erfahrungen im Workshop mithilfe deines Workshopdesigns. Teile sie mit einem Sparringspartner oder deiner Co-Moderation.
3. **Entscheide:** Wo und wie kannst du deine Wirksamkeit und die Wirksamkeit deines Workshopdesigns erhöhen? Welche Schritte musst du jetzt dafür machen?

Zusammenfassung

Mit der Checkliste an der Hand und dem Verständnis um die vier Phasen deines Workshops bist du nun bestens ausgerüstet, wirksame Workshops zu gestalten. Mehr noch: Die acht Schritte wirksamen Workshopdesigns sind mit etwas Übung eine Schablone, die du verwenden kannst, um das Design neuer Workshopformate zu beschleunigen.

Als Nächstes betrachten wir, wie du die Wirksamkeit eines agilen Spiels erhöhst.

Kapitel 3: Die vier Hebel wirksamer agiler Spiele

In Anleitungen für agile Spiele wird oft nur ein Teil der vorhandenen Wirkungshebel beleuchtet, nämlich das Vorgehen im Spiel selbst und weniger die Verhaltensweisen der Teilnehmenden. Dies liegt zum einen daran, dass die agilen Spiele in oder für einen bestimmten Kontext entwickelt wurden, der oft nicht weiter erwähnt wird, aber dennoch „mitschwingt". Zum anderen, weil die Anleitungen zwar linear und klar sein können, aber eben nicht zeigen, wie die Teilnehmenden darauf reagieren, was sie daraus machen, was sie dabei erleben und reflektieren. Des Weiteren wird die Wirksamkeit eines agilen Spiel auch durch Fähigkeiten und Fertigkeiten der Fazilitierenden beeinflusst, beispielsweise durch ihre Wahrnehmung, Präsenz und Wortwahl (mehr dazu im Kapitel 4).

Aber selbst wenn häufig zu beobachtende Verhaltensweisen von Teilnehmenden in Spielanleitungen beschrieben und als zentraler Moment zum Entfalten von Wirksamkeit ausgemacht werden, gilt es, Vorsicht walten zu lassen, um weiterhin offenzubleiben für die eigenen Wahrnehmungen und die der Teilnehmenden. Denn erwartet und sucht man als Facilitator nur nach dem „richtigen" Verhalten der Spielenden, damit „das Spiel funktioniert" oder eine bestimmte Reflexion möglich wird, verpasst man vielleicht anderes Wertvolles und lässt sich nicht mehr von den Teilnehmenden und dem Geschehen überraschen. Und selbstverständlich hat all dies auch einen Einfluss auf die Teilnehmenden. Eine unflexible Moderation, ein vorgezeichneter Spielverlauf, wenig Entscheidungsfreiheit bei den Teilnehmenden oder gar gesagt zu bekommen, was man hätte lernen sollen, verwirrt eher und löst Unverständnis oder gar Widerstand aus.

Wir sind davon überzeugt, dass die eigentliche Aufgabe der Facilitation darin besteht, vier Stellhebel in Einklang zu bringen und so für Ausgewogenheit und Wirksamkeit zu sorgen:

- Kontext,
- Fokus,
- Teilnehmende und
- Facilitation.

Um dies zu veranschaulichen, beschreiben wir ein von Anne entwickeltes agiles Spiel und dessen Einsatz im Rahmen eines Projektmanagement-Trainings (siehe S. 103). Anschließend stellen wir die einzelnen Stellhebel in Form von Impulsfragen für dich und deine Kunden kurz vor.

Das Company Game

Ansatz

Das Spiel „Company Game" lädt Teilnehmende ein, die tägliche Arbeitserfahrung des impliziten Setzens von Prioritäten gemeinsam zu reflektieren. Das Ziel ist, unterschiedliche Wurfsequenzen mit unterschiedlichen Gegenständen zu kreieren und diese gleichzeitig durchzuführen.

Das Spiel basiert auf der Improvisationstheater-Übung „Patterns" und wird dort zur Steigerung der Wahrnehmungsfähigkeit, des Erinnerungsvermögens und der Achtsamkeit verwendet. Es handelt sich um ein Spiel, welches in vielfältiger Art und Weise eingesetzt und weiterentwickelt wurde. In Radim Vlceks Buch „Workshop Improvisationstheater" befindet sich eine kurze Beschreibung, auch wenn sich die ursprüngliche Quelle nicht mehr rekonstruieren lässt.

Die Facilitatoren müssen vorab entscheiden, welche handgroßen Wurfgegenstände eingesetzt werden. Beispielsweise Bälle mit unterschiedlichem Gewicht und Flugeigenschaften, etwa Jonglier-, Tennis- oder Golfbälle, Bälle aus Papier oder Schaumstoff. Ungewöhnliche Objekte, wie Bonbons, Stifte oder Gläser können zusätzlich verwendet werden, um etwas besonders hervorheben zu können. Es kann hilfreich sein, wenn der Werfende gleichzeitig mit dem Abwurf den Namen des Mitspielenden laut ruft, zu dem der Wurf geht. Um etwaige Scherben zu entsorgen, empfehlen wir einen Kehrbesen oder Staubsauger parat zu halten.

Aufbau

Das Spiel kann mit 6–20 Teilnehmenden gespielt werden. Idealerweise haben diese Lust, etwas Neues auszuprobieren. Die ideale Gruppengröße liegt zwischen 10–15 Personen. Bei kleineren Gruppen werden 30 Minuten benötigt, bei größeren bis zu 75 Minuten. Es wird ein Raum benötigt, in dem alle komfortabel und großzügig im Kreis stehen können. Weitere Voraussetzungen an die Teilnehmenden oder den Raum gibt es nicht.

Ablauf

Das Spiel folgt diesen Schritten:

1. Etablieren einer Wurfsequenz, wobei jede und jeder Spielende den Wurfgegenstand genau einmal pro Runde fängt und wieder weiter wirft.
2. Üben der Wurfsequenz.
3. Etablieren einer neuen Wurfsequenz nach gleichen Regeln und mit anderer Reihenfolge.
4. Üben der nächsten Wurfsequenz.
5. Gleichzeitiges Zirkulieren aller Wurfsequenzen.
6. Wiederholen dieser Schritte, bis einige Wurfobjekte problemlos parallel geworfen werden können.
7. Etablieren einer weiteren neuen Wurfsequenz nach gleichen Regeln, mit anderer Reihenfolge und z.B. mit einem Glas als Wurfgegenstand.
8. Üben dieser neuen Wurfsequenz.
9. Gleichzeitiges Zirkulieren aller Wurfsequenzen.

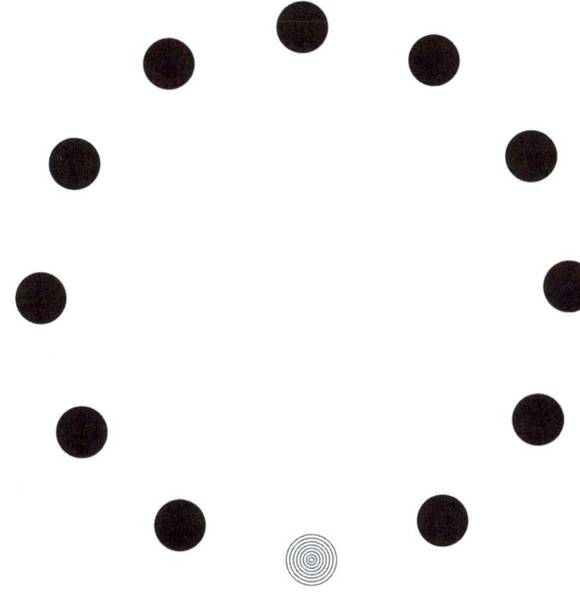

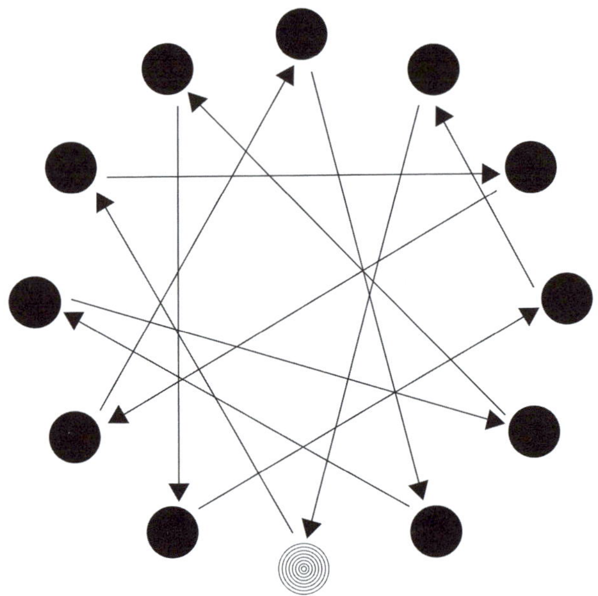

Das Etablieren einer neuen Wurfsequenz kann beschleunigt werden, indem alle Teilnehmenden eine Hand auf den eigenen Kopf legen, um zu signalisieren, dass sie noch „frei" und noch nicht Teil der Sequenz sind. Zum Fangen wird die Hand dann heruntergenommen, bleibt nach dem Weiterwerfen unten und signalisiert so das Gegenteil. Der letzte Teilnehmende wirft den Ball zurück zum Spielleitenden. Dann beginnt der Kreislauf wieder von vorne in der gleichen Reihenfolge – nun ohne Hände auf den Köpfen. So können zügig unterschiedliche Sequenzen etabliert werden.

Ein Wurfobjekt sollte zusätzlich mit einem Namen verbunden werden. Die Teilnehmenden werden dann beim Werfen aufgefordert, beispielsweise ihren eigenen Namen, einen Tiernamen oder Ähnliches zu rufen.

Wurde ein Glas verwendet, so erhält es als ungewöhnlicher Wurfgegenstand von den Teilnehmenden aufgrund seiner Beschaffenheit (Zerbrechlichkeit) automatisch besondere Aufmerksamkeit.

Eine leichte Variante ist, lediglich einem Teilnehmenden während einer kurzen Leerlaufzeit einen Bleistift zu übergeben und ihn zu bitten, diesen Gegenstand im Uhrzeigersinn kreisen zu lassen. Auch dieses vermeintlich einfache Muster kann in der Nachbesprechung sehr gute Erkenntnisse hervorbringen, auch weil nur ein Spieler darüber informiert wurde.

Während der Anmoderation werden die Spielenden eingeladen sich den Kreis, in welchem sie stehen, als ein Unternehmen vorzustellen. Einzelne Personen stellen eine Abteilung mit unterschiedlichem Know-how dar und Bälle bzw. Wurfobjekte stellen interdisziplinäre Aufgaben dar. Um eine Aufgabe voranzubringen, muss diese jede Abteilung ihres Unternehmens durchlaufen – dies wird durch das Fangen und Weiterwerfen vollzogen. Eine Runde stellt eine Iteration dar, in welcher jede Abteilung die Aufgabe genau einmal bearbeiten soll. Der Ball muss kreuz und quer durch den Kreis gepasst werden und darf nicht an den direkten Nachbarn weitergereicht werden. Die einmal etablierte Reihenfolge stellt dann das optimale Muster (eng. Pattern) zum Bearbeiten einer Aufgabe dar und wird fortan nicht mehr verändert. Die letzte Abteilung wirft die Aufgabe an diese erste und die Sequenz startet von vorne und soll dann fehlerfrei wiederholt werden.

Nach dem Etablieren und erfolgreichen Wiederholen der ersten Wurfsequenz werden weitere neue Aufgaben nach den gleichen Regeln, mit anderen Wurfobjekten und mit anderen Reihenfolgen hinzugefügt. Teilnehmende haben immer Zeit, diese neue Sequenz zu erlernen und zu üben. Ziel ist, an zwei und mehr Aufgaben erfolgreich und parallel zu arbeiten. Danach können weitere Aufgaben hinzugefügt werden, bis das System „voll" ist. Dies ist daran zu erkennen, wenn bei parallelem Zirkulieren mehr und mehr Fehler gemacht werden und es zu Verzögerungen kommt. Je nach Gruppendynamik kann es hilfreich sein, die Teilnehmenden darauf hinzuweisen, dass es primär um das fehlerfreie Wiederholen der Wurfsequenz geht und nicht um ein möglichst schnelles „Abarbeiten" der Aufgaben.

Für die Nachbesprechung – das Debriefing – eignen sich, unter anderem, diese Fragen:

1. Was war die größte Herausforderung? Warum? Wie seid ihr damit umgegangen?
2. Was führte zum (Miss-)Erfolg? Was zum Lernen?

3. Welche interessanten Verhaltensmuster hast du beobachtet? Warum war das interessant für Dich? Was daran war hilfreich? Was nicht?
4. Worauf hast du dich fokussiert?
5. Woher kommt der Impuls, die Gegenstände schnell weiterzureichen? Es ist normal, dass ein Arbeitsschritt gelegentlich etwas länger dauert, beispielsweise weil eine Lösung erarbeitet wird, oder eine Entscheidung vertagt wurde.
6. Wie ist es passiert, dass eine Aufgabe auf einen falschen Empfänger getroffen ist? Wurde die Aufgabe wieder in die richtige Bahn gebracht oder zurück an den Absender geschickt?
7. Wann war Dir das Ergebnis am wichtigsten/am wenigsten wichtig?
8. Wie hättet ihr den Prozess (un-)angenehmer gestalten können?
9. Wie war diese Erfahrung für dich? Was hat dir daran gefallen? Was nicht?
10. Wie hättet ihr besser zusammenarbeiten können?
11. Welche Fehlkommunikation gab es? Warum? Was hat euch daran gehindert, mehr zu kommunizieren?
12. Was hat dich diese Erfahrung über gelungene Kommunikation gelehrt? Wie stellst Du sicher, dass deine Nachricht „ankommt"?
13. Welche Veränderungen in der Gruppendynamik hast du erlebt? Was hat diese Veränderung verursacht? Waren sich alle dieser Veränderung bewusst?
14. Was hat euch an euren Arbeitsalltag erinnert?

Mit diesem Spielerlebnis im Hinterkopf können die Teilnehmenden auch über weitere Szenarien reflektieren, beispielsweise Urlaubszeiten, Reorganisation, Versetzung von Mitarbeitenden oder die Integration von Kunden.

Ausgang

Erkenntnisse aus der Nachbesprechung können gesammelt und in konkrete Beobachtungsaufgaben, Experimente und nächste Schritte überführt werden, welche die Teilnehmenden nach dieser Erfahrung umsetzen. Dazu wird jeder Teilnehmende eingeladen, sich basierend auf der Frage: „Was war dein größtes

Aha-Erlebnis?" aufzuschreiben, „Was mache ich ab morgen anders?". Diese Fragen ermöglichen den Transfer in den Alltag der Teilnehmenden und stellen die individuelle Veränderung in den Vordergrund.

Eine gemeinsame Reflexion, beispielsweise im Rahmen einer Retrospektive nach einigen Wochen, ist ebenfalls eine gute Möglichkeit, die Erfahrungen, Erkenntnisse und Experimente im Arbeitsalltag nachzufassen. In dieser Retrospektive könnten dann auch die neu gemachten Erfahrungen aufgrund des erfolgten Transfers in den Alltag betrachtet werden. Weitere Ideen für einen gelungenen Transfer finden sich im Kapitel 2 auf Seite 36.

Das Company Game und Projektmanagement

Um den konkreten Einsatz des Spiels zu veranschaulichen, beschreiben wir im Folgenden ein vergangenes Szenario. Im Rahmen einer mehrtägigen Projektmanagement-Ausbildung soll das agile Spiel „Company Game" beim Thema Kommunikation & Stakeholder Management eingesetzt werden, um für die Teilnehmenden die Auswirkungen gleichzeitiger Arbeit und der damit verbundenen Kommunikation erlebbar und besprechbar zu machen. Ziel ist, dass die angehenden Projektverantwortlichen zu viel Arbeit als Risikofaktor wahrnehmen und im weiteren Verlauf ihrer Ausbildung Strategien zum Umgang damit erlernen.

Die Teilnehmenden kommen aus unterschiedlichen Branchen und Unternehmensgrößen und haben unterschiedliche nichtleitende Rollen in Projekten mit unterschiedlichsten Größe inne. Nach dieser Ausbildungssequenz sollen sie parallele Arbeit in ihren Projekten sichtbar und quantifizierbar machen. Dazu erlernen sie im Nachgang den Einsatz eines Umfragebogens und erarbeiten ein Besprechungsformat, um die Themen mit ihrem Kollegium zu besprechen.

Das agile Spiel „Company Game" soll mit einem besonderen Augenmerk auf Kommunikation zwischen den einzelnen Mitspielenden nachbesprochen werden. Die folgenden Metaphern wurden geschaffen und nach und nach eingeführt, um das agile

Spiel vorzustellen und die Nachbesprechung möglichst praxisnah zu gestalten:

1. Wurfobjekt = Projekt
2. Wurfsequenz (Pattern) = Optimale Arbeitsreihenfolge
3. Halten des Wurfobjekts = Wertstiftende Arbeit am Projekt, beispielsweise eine Entscheidung, eine Präsentation, das Schaffen einer innovativen Lösung
4. Fangen und Werfen = Übergabe an andere Abteilung für einen nächsten Bearbeitungsschritt
5. Wurfobjekt fällt = Es passiert etwas Ungeplantes
6. Falscher Empfänger = Ein Arbeitsschritt wurde weggelassen bzw. muss wiederholt werden
7. Optional: Außergewöhnliches Wurfobjekt = Glas

Nachdem die Teilnehmenden rund 35 Minuten lang im Spiel waren, wurden unter anderem folgende Beobachtungen reflektiert. Die Beobachtungen selbst wurden entweder von den Teilnehmenden oder dem Fazilitierenden gemacht. Sie wurden teils direkt im Spiel angesprochen, teils durch die Nachbesprechung ermöglicht.

1. Teilnehmende brechen Regeln oder vergessen diese
Im Laufe des Spiels kommen naturgemäß mehr und mehr Aktivitäten (und Wurfobjekte) ins Spiel. Teilnehmende vergessen beispielsweise, dass sie einen neuen Gegenstand nicht an den Nachbar weiterreichen dürfen. Multitasking, die unterschiedlichen Sequenzen und Wurfgegenstände lassen einige der Teilnehmenden die bereits befolgten Regeln wieder vergessen. Die Facilitatorin fragte gezielt nach Regeln aus dem Arbeitsalltag der Teilnehmenden, welche sie (aufgrund von Überforderung) brechen.

2. Die gleiche Priorisierung
Im Spiel sind die einzelnen Projekte und somit auch die Wurfobjekte gleichwertig und haben die gleiche Priorisierung. Bei der Durchführung sind einige Wurfgegenstände handlicher als andere, beispielsweise ist ein Tennisball handlicher als ein Moderationsmarker. Das führt dazu, dass ein Tennisball einfacher und schneller gefangen und geworfen werden kann als der Marker. Ein Glas ist zerbrechlicher als ein Moderationsmarker und erhält deshalb von den Teilnehmenden meist viel mehr Aufmerksamkeit. Die Gruppe zeigte Phasen, in denen das Glas Vorrang hatte

und alle anderen Arbeiten angehalten wurden, und Momente, in denen das Glas nicht weiter geworfen wurde, weil zu viele andere Aktivitäten den nächsten Empfänger beschäftigten. Die Facilitatorin fragte gezielt nach impliziten Priorisierungen im Arbeitsalltag, obwohl Aufgaben gleichwertig sind.

3. Manipulation der Prioritätenliste – Teil 1
Ein Wurfobjekt wurde zusätzlich mit dem Namen des Empfängers verbunden. Ebenso wie das Glas, erhielt damit dieses Projekt mehr Aufmerksamkeit der Teilnehmenden – dieses Mal aufgrund des zusätzlichen Kommunikationskanals. Die Facilitatorin fragte gezielt nach, wo zusätzliche Kommunikationskanäle im Arbeitsalltag dazu geführt haben, dass etwas präsenter und relevanter ist.

4. Manipulation der Prioritätenliste – Teil 2
Dass die Teilnehmenden beim Werfen den Namen des Adressaten ausrufen, führt mitunter zu unterschiedlich schnell zirkulierenden Bällen bzw. beschleunigte diesen Vorgang. Jeder weiß: Wenn etwas schnell erledigt werden soll, geht man auf die Person zu, die den nächsten Schritt tun muss, und stellt sicher, dass sie ihren Teil sofort erledigt. Normal ist auch, dass die eigene Sprache eine implizite Priorisierung schafft, indem eine Aufgabe beispielsweise mit „einfach", „schnell erledigt" oder „macht Spaß" tituliert wird. Die Facilitatorin fragte gezielt nach, wie oft die Teilnehmenden im Arbeitsalltag erleben, dass es Veränderungen im Ablauf gibt und liess die Gruppe über den Zusammenhang geänderter Prioritäten reflektieren.

5. Wissen geht verloren
An einer Stelle im Spiel wurden die Teilnehmenden aufgefordert, eine Wurfsequenz rückwärts auszuführen. Gemeinsam konnte die Gruppe diese zusätzliche Aufgabe lösen. Der Absender der Projektaufgabe ging als implizites Wissen im Laufe des Spiels teilweise verloren. Die Facilitatorin fragte gezielt nach, wo im Arbeitsalltag der Teilnehmenden das Vergessen des Ursprungs, des eigentlichen Absenders oder gar die eigene Wertschöpfungskette eine (negative) Auswirkung hatte.

6. Überforderung
Das Spiel führt den Teilnehmenden einerseits vor Augen, wie wenig es braucht, um überlastet zu sein und andererseits, wie schleichend die Auswirkungen dieser Überlastung sein können,

bis zu dem Moment, wo alles zum Erliegen kommt oder einen die Emotionen überwältigen. Die Facilitatorin fragte gezielt nach wo und wann emotional intensive und stressige Zeiten im Arbeitsalltag der Teilnehmenden existieren und wie sie in diesen Priorisieren, Reduzieren und Fokus gewinnen können.

Um im Rahmen der Nachbesprechung etwas bewusst und besprechbar zu machen, ist es für die Facilitation auch möglich, zu übertreiben und provokant zu sein. Das gemeinsame Spielerlebnis dient dabei als Ausgangspunkt oder Endpunkt, je nachdem, was den Erkenntnisgewinn optimal unterstützt.

Die Teilnehmenden dieser mehrtägigen Projektmanagement-Ausbildung haben durch das „Company Game" und der anschließenden Nachbesprechung viel parallele Arbeit als Risikofaktor, das implizite Priorisieren und die Auswirkung auf Kommunikation erlebt.

Diese gemeinsame Erfahrung bildet die Grundlage zum Erlernen von Lösungsstrategien für unterschiedliche Kontexte, Analyse- und Visualisierungsmethoden, sodass die Mitspielenden parallele Arbeit in ihren Projekten sichtbar und quantifizierbar machen können. Dazu erlernen sie im Nachgang den Einsatz eines Umfragebogens und erarbeiten ein Meetingformat, um die Themen mit ihrem Kollegium zu besprechen.

Die vier Hebel für Wirksamkeit

Durch dieses Beispiel wird deutlich, dass ein agiles Spiel Mittel zum Zweck des Erkenntnisgewinns und des Erreichens des Handlungsziels ist. Fazilitierende haben dabei einen direkten Einfluss auf die Wirksamkeit eines agilen Spiels, in dem sie

- den Kontext der Teilnehmenden ergründen und berücksichtigen,
- gewünschte Verhaltensveränderungen eindeutig benennen,
- beobachtbare Lernziele formulieren,
- die dringendsten Themen der Teilnehmenden als Fokuspunkte sorgsam auswählen und definieren,
- relevante, hilfreiche und stimmige Metaphern und Vergleiche verwenden,

- das agile Spiel auswählen und es als Spiegel für das Verhalten der Teilnehmenden nutzen und
- durch eine gute Nachbesprechung, Teilnehmenden einen Raum geben, um das eigene Erleben anzusprechen, Vergleiche zum Arbeitsalltag und Schlüsse zu ziehen.

Die Methoden und Fragen aus diesem Buch helfen dir dabei, die vier Stellhebel Kontext, Fokus, Teilnehmende und Facilitation für deinen Einsatz eines agilen Spiele gut zu gewichten. Mangelnde Balance führt zu weniger Wirksamkeit und damit zu weniger Lernen, im schlechtesten Fall auch zu Widerständen und Blockaden.

Stellhebel	zu wenig	zu viel	Was du tun kannst
Kontext	fehlende Anschlussfähigkeit	zu viele Störungen haben Vorrang	→ Kapitel 2: Check 1: Bereitschaft anbahnen → Serious Games Canvas: Aufbau
Fokus	beliebige Erkenntnisse	reines Verfolgen eines Plans	→ Kapitel 2: Check 2: Ziele formulieren → Kapitel 2: Check 3: Fokuspunkte setzen → Serious Games Canvas: Ergebnis
Teilnehmende	fehlende Relevanz	fehlende Prozessverantwortung	→ Kapitel 2: Check 5: Einladung formulieren → Kapitel 2: Check 6: Debriefing planen → Kapitel 2: Check 7: Transfer ausarbeiten → Kapitel 2: Check 8: Wirksamkeit überprüfen → Serious Games Canvas: Ablauf
Facilitation	fehlender Prozess & Fokus	unkritisches Festhalten an eigener Meinung	→ Kapitel 2: Check 4: Inhalte-Methoden-Kombinationen festlegen → Kapitel 2: Check 6: Debriefing planen → Serious Games Canvas: Design

Erster Hebel: Kontext

Der Kontext ist der größere Zusammenhang, in welchem sich das agile Spiel einbettet. Allem voran ist dies der inhaltliche, soziale und logistische Rahmen.

Fragen zum Kontext für dich und deine Kunden können sein:

- Was sind die Agenda und die konkreten Themen vor und nach dem agilen Spiel?
- Was sind die Erwartungen der Stakeholder (Auftraggeber und weitere Nicht-Anwesende eingeschlossen)?
- Gibt es sachliche oder soziale Faktoren, die den Workshop beeinflussen oder eine Bedeutung für das agile Spiel haben können?
- Was gilt es logistisch zu beachten (u.a. Raum, Aufbau, Workshop- oder Konferenz-Setting)?

Zweiter Hebel: Fokus

Fokus bezeichnet die Handlungsziele und Gesprächsthemen, welche helfen, die eigene Moderation und Sprache danach auszurichten.

Diese Fragen können helfen, den Fokus zu schärfen:

- Was soll mit dem agilen Spiel sichtbar werden? Welches (unsichtbare) Verhalten konkret?
- Welche Stellen und welches Verhalten im agilen Spiel lassen sich gut auf die Handlungsziele münzen?
- Welche Metaphern und Vergleiche eignen sich, um diesen Bezug herzustellen?
- Zu welchen Fragen werden die Teilnehmenden eingeladen, zu reflektieren?
- Welche Einflussfaktoren auf die Zielerreichung nach dem Workshop gibt es im agilen Spiel (nicht)?

Dritter Hebel: Teilnehmende

Hier geht es um deine Spielenden und die Voraussetzungen, welche sie erfüllen sollten, um mitzuspielen. Erfrage in der Auftragsklärung, beispielsweise ihren Umgang miteinander und etablierte Teamdynamiken und sei bereit, weitere Details zu beobachten, sobald du auf deine Teilnehmenden triffst.

Zusätzlich können dir diese Fragen Erkenntnisse liefern:

- Was beschäftigt die Teilnehmenden aktuell rund um die Fokusthemen? Welchen Fokus haben die Teilnehmenden?
- Was interessiert die Teilnehmenden dabei am meisten?
- Sind die Beschreibungen der Teilnehmenden rund um das Thema problem- oder lösungsorientiert, vergangenheits- oder zukunftsorientiert?
- Sind die Ausführungen der Teilnehmenden neutral beschreibend oder wertend? Welche Zahlen, Daten, Fakten oder Emotionen sind damit verbunden?
- Welche Entscheidungen sollen die Teilnehmenden treffen?
- Was wollen die Teilnehmenden alles selbst verändern?

Erst die Teilnehmenden erwecken das agile Spiel und dessen Lernmomente zum Leben. Entdecken deine Teilnehmenden beispielsweise einen anderen Fokus während des Spiels, gilt es, neugierig zu ergründen, wie diese Entdeckung für die Gruppe hilfreich ist. Bleibe stets offen und betrachte Ideen, Reflexionen und Themen, welche zum Vorschein kommen, gleichwertig zu deinen eigenen Wahrnehmungen und Vorbereitungen, denn die Teilnehmenden sind die besten Experten für sich selbst.

Vierter Hebel: Facilitation

Ein wichtiger Teil deiner Vorbereitung sind die Antworten auf die genannten Fragen der drei anderen Hebel der Wirksamkeit. Sie helfen dir, Schritt für Schritt den Kontext und deine Teilnehmenden zu ergründen und zu verstehen. Darauf aufbauend kannst du den Fokus ausgestalten, ein passendes Spiel auswählen und daran anpassen sowie stimmige Vergleiche und Metaphern entwickeln.

Ein weiterer Teil deiner Vorbereitung sind dann all deine Wahrnehmungen der Teilnehmenden vor der Anmoderation. Und eine letzte wichtige Inspiration für deine Moderationen erschließt du dir, sobald du die Teilnehmenden in den geschützten Raum des Spiels, den sogenannten Magic Circle, einlädst. Diese drei Teile helfen dir, wirksam zu moderieren.

Die folgenden Fragen können Erkenntnisse liefern, die du in deinem Workshopdesign und in deiner Moderation berücksichtigen könntest:

- Wie nutzt du das, was du über den Kontext, den Fokus und die Teilnehmenden in Erfahrung gebracht hast?
- Welches agile Spiel oder welche Spielvariante ist dafür geeignet?
- Worauf willst du bei der Moderation einen besonderen Fokus legen? Worauf bei der Nachbesprechung?
- Welche Anleitungen, Metaphern und Fragestellungen sind dafür geeignet?
- Was ist deine Intention?
- Was erwartest du, was passiert?
- Welche Reaktionen der Teilnehmenden erwartest du? Wie möchtest du damit umgehen?
- Was ist das Beste und Schlimmste, was passieren kann? Wie möchtest du damit umgehen?

Wir visualisieren die vier Stellhebel gern als Tetraeder. Dabei ist jede einzelne Fläche mit jeder anderen verbunden und symbolisiert passend, dass alle Stellhebel zusammenhängen und sich gegenseitig beeinflussen. Um einen Tetraeder vollständig zu erfassen, muss man ihn immer wieder drehen und wenden, genauso wie wir dich einladen, die unterschiedlichen Hebel zu betrachten, um blinde Flecken zu minimieren und herauszufinden, wie sie optimal zur gewünschten Wirksamkeit beitragen.

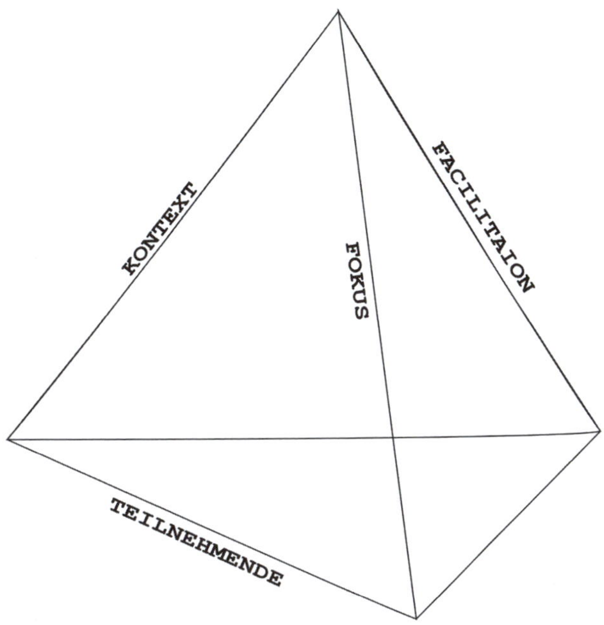

Der Serious Games Canvas

Zum Visualisieren, Modellieren und Beschreiben eines Spiels vom Ursprung, über die Vorbereitung bis zum Ablauf, eignet sich der Serious Games Canvas. Die Vorlage gibt einen schnellen Überblick über die wichtigsten Wirkfaktoren eines Spiels. Im Kern besteht es aus 12 Elementen, die in die Bereiche Ansatz, Aufbau, Ablauf und Ausgang eingeteilt sind.

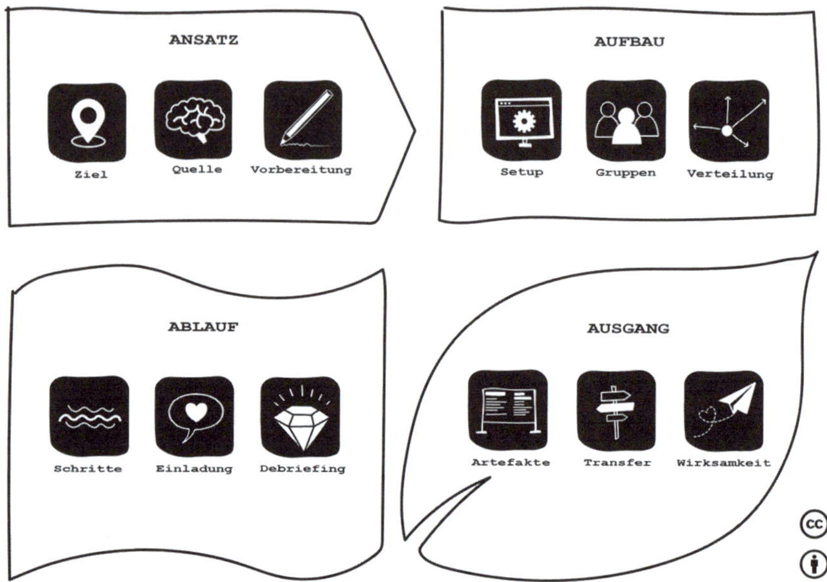

Damit fasst der Serious Games Canvas auf einer Seite alles zusammen, was es zur Durchführung und Reflexion zu wissen gibt. Selbstverständlich ersetzt diese Zusammenfassung keine eigene Analyse oder tiefes Verständnis über die Wirkweisen des Spiels. Sie dient lediglich als Gesprächsstarter, Dokumentation, und ermöglicht, gerade durch die komprimierte Darstellung Zusammenhänge zu erkennen und so als Startpunkt für eine Rückschau und für zielgruppenspezifische Anpassungen zu dienen.

Die Kategorie *Ansatz* beinhaltet neben (möglichen) Zielen, welche mit dem Spiel erreicht werden sollen, einen Verweis auf die Ursprünge. Damit kann die Entstehungsgeschichte, der Entstehungskontext und die zugrundeliegenden Annahmen recherchiert werden. Darüber hinaus gibt sie Aufschluss über die notwendigen Vorbereitungen zum Einrichten der Spielumgebung.

Die Kategorie *Aufbau* widmet sich dieser Spielumgebung im Detail. Die Ausstattung und Einrichtung des Arbeitsbereiches – und falls notwendig die Verteilung der Arbeitsbereiche für individuelle Gruppen bzw. Rollen – sowie die Verteilung von Informationen und Materialien stehen im Mittelpunkt.

Ablauf beschreibt neben der konkreten Schrittfolge, Kernbotschaften der Anleitung und ein mögliches Vorgehen bei der Auswertung und Reflexion (Debriefing).

Die abschließende Kategorie *Ausgang* stellt dar, wie sich Ergebnisse manifestieren und wie die Wirksamkeit des Einsatzes des agilen Spielen erkannt werden soll.

Elemente des Serious Work Canvas	Schlüsselfragen, die beantwortet werden
Ziel	Wie heißt das Spiel? Was ist das Ziel des Spiels? Was sind die Lernziele für die Teilnehmenden?
Quelle	Woher stammt das Spiel? Was war die Ursprungsintention der Entwickler? Welches geistige Eigentum gilt es zu wahren?
Vorbereitung	Was genau muss vorbereitet werden? Was muss vorab entschieden werden? Werden die Teilnehmenden gebeten, etwas vorzubereiten?
Setup	Wie wird der Raum aufgebaut? Welche Anforderungen an den Raum gibt es? Welche Voraussetzungen müssen die Teilnehmenden mitbringen?
Gruppen	Was sind ideale, minimale und maximale Gruppengrößen? Welche Rollen und Aufgaben gibt es? Was gibt es bei der Gruppenzusammensetzung zu beachten?
Verteilung	Wie werden die Spielenden bzw. Gruppen aufgeteilt? Wie werden die Spielenden und die Materialien im Raum verteilt? Welche Informationen erhalten die Spielenden?
Schritte	Wie lange dauert es? Wie genau ist der Spielablauf? Bauen die Schritte aufeinander auf?
Einladung	Wie geht es los? Wozu werden die Teilnehmenden eingeladen? Welche weiteren Instruktionen, Informationen und Tipps erhalten die Spielenden?

Elemente des Serious Work Canvas	Schlüsselfragen, die beantwortet werden
Debriefing/ Commitment	Welche Themen und Schwerpunkte eignen sich bei der Nachbesprechung besonders? Welche Debriefing-Fragen sind zielführend? Welche Entscheidungen bieten sich an?
Artefakte	Welche Artefakte entstehen während des agilen Spiels und der Nachbesprechung? Wie werden diese dokumentiert? Was passiert mit diesen Ergebnissen?
Transfer	Wie werden die Erlebnisse und Erkenntnisse in zukünftiges Verhalten überführt? Welche weiteren Ideen zum Transfer in den Arbeitsalltag der Teilnehmenden gibt es?
Wirksamkeit	Welches Verhalten bzw. welche Verhaltensveränderung bietet sich zur Beobachtung im Alltag der Teilnehmenden an? Welche Ideen zum empirischen Nachweis der Wirksamkeit gibt es?

Zusammenfassung

In diesem Kapitel haben wir die vier Hebel wirksamen Spielens vorgestellt und am Beispiel des Spiels Company Game anschaulich erläutert. Der anwendungsorientierte Serious Games Canvas und die zugehörige Frageliste runden das Kapitel ab, was eine gute Vorbereitung gewährleistet.

Nachfolgendes Kapitel geht nun darauf ein, wie aus diesen Vorarbeiten im Verlauf des Spielens sichergestellt wird, dass die Gruppe wirksam spielt: Es werden die essentiellen Aufgaben der Facilitation um Spiele wirksam zu machen, vorgestellt.

Kapitel 4: Ein agiles Spiel wirksam fazilitieren

Mit einem agilen Spiel werden „Emotionen wie Post-it's an Lernthemen geklebt"[8].

Die Anleitung und Durchführung eines agilen Spiels hat zur Aufgabe, die Teilnehmenden *absichtlich* einzuladen, relevante Übungen zu lösen, und sich selbst, die anderen Teilnehmenden und die Lösungsfindung kritisch zu reflektieren. Dabei werden die Teilnehmenden zu einer Spielgruppe, die eine gemeinsame und dennoch individuelle Lernerfahrung machen. Die Teilnehmenden werden angeleitet, in einem „sicheren Raum" eine gemeinsame Erfahrung zu machen. Diese Erfahrung wird durch die Teilnehmenden unterschiedlich erlebt. Auch engagieren sie sich unterschiedlich. So werden die Fokus- und Lernthemen sowie explizite und implizite Regeln der Gruppe erlebbar und reflektierbar. Mitglieder einer Gruppe einigen sich einerseits ausdrücklich auf Regeln der Zusammenarbeit und andererseits gibt es unausgesprochene implizite Regeln, beispielsweise wer zuerst spricht, eine Vereinbarung abgesegnet und wie schnell reagiert werden soll.

Ziel der Nachbesprechung ist es, die individuellen Erlebnisse, Gruppen-Entscheidungen und Entwicklungen in wertschätzender Art und Weise besprechbar und verstehbar zu machen.

Mit einem (gemeinsamen) Verständnis der individuellen Perspektiven und Motive können die Teilnehmenden nächste Schritte, Experimente oder explizite Prinzipien vereinbaren, um ihren Alltag als Individuen oder Team zu verbessern, was wiederum nachhaltige Verhaltensveränderungen ermöglicht. Mit Verhalten sind an dieser Stelle beobachtbare Handlungen ebenso gemeint wie das nicht direkt sichtbare Denkverhalten eines Teilnehmenden.

Moderation und Facilitation werden einerseits oft als Synonym verwendet und andererseits ebenso oft vehement voneinander abgegrenzt. Gemeinsam ist ihnen, dass sie emergente und inklusive Prozesse ermöglichen und den Austausch und Diskurs zwischen Individuen fördern, der zu Kreativität, Innovation und Entscheidungen führen kann. Um dies zu erreichen, übernimmt die Moderation oder Facilitation die Verantwortung für den

[8] Frei nach John Medina, aus „Brain Rules", Pear Press 2014.

Prozess. Die Teilnehmenden können sich auf das Zusammenspiel und Inhaltliche fokussieren.

Moderation	Facilitation
anleiten	ermöglichen
Fokus auf Techniken und „Handwerk“	Fokus auf Haltung und „Raum“
Wirksamkeit durch Methode	Wirksamkeit entsteht durch Flow & gemeinsam geschaffene Erkenntnis
Führen durch einen Prozess	Dienen durch Wegbereiten
Mehr Fremdorganisation	Mehr Selbstorganisation

Für uns stellen Moderation und Facilitation keine Entweder-oder-Entscheidung dar, sondern die Frage, die wir in diesem Zusammenhang gern stellen ist: Was ist in der gegebenen Situation zielführend? Ganz egal, wie die Antwort darauf ausfällt, sind für uns die folgenden Fertigkeiten und Fähigkeiten für Moderierende und Fazilitierende zentral.

Essenzielle Kompetenzen der Fazilitierenden

Neben der Fähigkeit, zielgerichtet, einladend, inklusiv und methodensicher zu moderieren, benötigt es insbesondere die folgenden Fertigkeiten, um die Wirksamkeit von dir, deinen Spielen und den Teilnehmenden zu erhöhen.

1. Das eigene Status-Management

„Hauptsache, dir geht's gut!“ ist ein Mantra, welches von uns häufig zu hören ist. Die Fähigkeit, bei uns selbst „einzuchecken“ und den eigenen Zustand und Fokus pro-aktiv zu verändern, ist für uns eine der zentralen Aufgaben. Du kannst dich fragen: Wie geht es mir gerade? Was hat sich an meinem Zustand verändert? Was genau benötige ich jetzt? Worauf kann, muss oder sollte ich (nicht) reagieren?

2. Eine breite und interpretationsfreie Wahrnehmung

Gern behaupten wir, dass gute Facilitation-Ausbildungen zu einem überwiegenden Anteil die eigene Wahrnehmung und die eigenen Reaktionen darauf trainieren.

Mache dir zunächst deinen eigenen Zustand und damit verbundene Veränderungen bewusst. Diese nach innen gerichtete Wahrnehmung hat einen unmittelbaren Einfluss darauf, was du im Außen wahrnimmst und fokussierst. Denn deine Emotionen und die Innenwahrnehmung wirken wie ein Filter zur Außenwelt.

Frage dich deshalb:

1. Was bekommt (und will) gerade deine Aufmerksamkeit?
2. Wo willst und musst du deiner Meinung nach (sofort) handeln?
3. Welches Verhalten deiner Teilnehmenden trägt wesentlich zur entstandenen Gruppendynamik bei?
4. Welche Fragen bieten sich an, um deine Wahrnehmung zu erforschen?

Geübte Fazilitierende haben einerseits Erfahrungen darüber, an was uns das gerade Erlebte erinnert, und andererseits Vorstellungen über den zukünftigen (wünschenswerten) Verlauf des agilen Spiels. Nutze auch deine Interpretationen, deine Intuition und dein Erfahrungswissen zum Wohle des zu fazilitierenden Prozesses.

Wenn wir von einer interpretationsfreien Wahrnehmung sprechen und diese auch fordern, dann meinen wir nicht, dass du nicht interpretieren darfst. Interpretationsfrei bedeutet für uns, dass du deine eigene Interpretation als das wahrnimmst, was sie ist: nämlich deine persönliche Deutung und dein persönliches Urteil auf Basis deiner Perspektive, deiner Erfahrungen sowie deines Denkens – nicht mehr und nicht weniger. Sie ist weder richtig noch falsch, sie ist nicht mehr oder weniger relevant oder Wert als die Auslegungen deiner Teilnehmenden.

Zu deinen Aufgaben gehört es, in Echtzeit zu entscheiden, was du aus den zahlreichen und vielfältigen Wahrnehmungen eines agilen Spiels spiegeln wirst. Und wie und wann du dies einzelnen Teilnehmenden oder der gesamten Gruppe gegenüber äußerst. Du kannst es beispielsweise als Hinweis, Feedback oder

Feedforward[9], als Frage, als Metapher oder Vergleich formulieren oder auch ganz ohne Worte allein durch deine Körpersprache, deine Bewegungen im Raum oder Stille.

Je besser du deinen Wahrnehmungsmuskel trainierst, desto leichter wird es dir fallen, zu wissen, was gesagt und getan werden muss.

3. Nicht-Wissen aushalten

Bei der Arbeit mit und in Gruppen wird es viele Dinge geben, die du nicht weißt oder wissen kannst. Denn Verhalten und die Reaktionen von Teilnehmenden auf deine Einladungen und agilen Spiele vorherzusagen, ist nicht möglich. Auch du solltest nicht versuchen, die Zukunft vorherzusagen, sondern dich darauf konzentrieren, möglichst bewusst und achtsam zu handeln, die Wirkung der Interaktionen wahrzunehmen und im Sinne der Lern-Absicht dein Tun anzupassen. In komplexen Kontexten ist es notwendig, dass du Nicht-Wissen gut aushältst. Mehr noch, es ist wichtig, dass du auch die Teilnehmenden beim Aushalten ihres Nicht-Wissens unterstützt.

Der „Zustand des Nicht-Wissens" fühlt sich für jeden anders an: Einige erleben beispielsweise Ansporn, andere grübeln, verzweifeln oder geben auf, wiederum andere entspannen, reden viel oder werden still, Ablenkungen werden gesucht, die Aufgabe infrage gestellt oder es kann ein Gefühl des Gestresstseins entstehen.

Beim konzentrierten Suchen nach Lösungen für einen Zustand des Nicht-Wissens kann ein „Tunnelblick" entstehen, bei dem das, was gerade im Raum und mit anderen geschieht, hinter dem inneren Suchprozess zurücktritt. Dieser meist unbewussten Einschränkung solltest du dir als Facilitator besonders bewusst

[9] Feedforward fokussiert im Gegensatz zu Feedback auf die Zukunft, nicht die Vergangenheit, und auf das, was wiederholt, nicht auf das, was vermieden werden sollte. Dr. Marshall Goldsmith behauptet, dass Feedforward leichter von der empfangenden Person angenommen wird, da über eine zukünftige, noch durch die Person selbst zu beeinflussende Situation gesprochen wird. (Goldsmith, Marshall: Try feedforward instead of feedback, Nashville, Tennessee, USA: https://marshallgoldsmith.com/articles/try-feedforward-instead-feedback/ (abgerufen am 25.02.2023).)

sein, da du in diesen Phasen weniger bei deinen Teilnehmenden, sondern vielmehr bei dir selbst bist. Ob und wie viel davon für deine Wirksamkeit hilfreich oder hinderlich ist, wissen wir nicht.

Um den Tunnelblick (auch Arbeitstrance genannt) zu beenden, eignen sich Tätigkeiten, welche dich wieder auf das Außen fokussieren, beispielsweise etwas aufzuschreiben, deinen Ablauf anzuschauen, die maximale Übungsdauer zu berechnen oder deinen Standpunkt und somit auch deine Perspektive zu wechseln oder ganz bewusst deinen Blick zu weiten, um mehr wahrzunehmen.

4. Sei darauf gefasst, überrascht zu werden

Die Zusammenkunft der Teilnehmenden mit dem Fokus, den sie gerade haben mit dir zu diesem Zeitpunkt zu diesem Thema und diesem agilen Spiel ist einmalig. Lade dich und die Teilnehmenden ein, mit einem unvoreingenommenen Blick groß zu denken und zu experimentieren.

Als Facilitator solltest du einen Rahmen und Raum schaffen, der für deine Teilnehmenden (psychologisch) sicher ist und mutiges Denken, Handeln sowie Vielfalt erlauben. Ein derartiger „Safe Space" (auch „Brave Space" oder „Civil Space" genannt) fördert den authentischen Austausch zwischen den Anwesenden.

Was genau heißt das? Es geht darum, dass du deine Teilnehmenden urteilsfrei auf ihrem Weg begleitest, ohne dass sie das Gefühl bekommen, „nicht genug" zu sein, „entwickelt" oder „repariert" werden zu müssen. Das Ergebnis eines agilen Spiels wird nur durch die Teilnehmenden beeinflusst, und für ein bestmögliches Ergebnis erhalten sie deine bedingungslose Unterstützung und werden eingeladen, sich ebenfalls gegenseitig zu unterstützen. Der sichere Raum wird durch deine Präsenz und durch dich als Vorbild gestärkt.

Die Facilitatorin Heather Plett[10] beschreibt „Raum halten" als komplexe Angelegenheit, die sich im Verlauf entwickelt und für jede Person und jede Situation einzigartig ist. Sie hat dafür acht

---

[10] Plett, Heather: What it means to „hold space" for people, plus eight tips on how to do it well, Winnipeg, Manitoba, Kanada: https://heatherplett.com/2015/03/hold-space/ (abgerufen am 02.10.2022).

Lektionen formuliert – wohl wissend, dass diese nicht in der Lage sind, das Thema angemessen zu behandeln:

1. Erlaube den Menschen, ihrer eigenen Intuition und Weisheit zu vertrauen.
2. Gib den Menschen nur so viele Informationen, wie sie verarbeiten können.
3. Nimm ihnen nicht die Macht weg.
4. Halte dein eigenes Ego raus.
5. Hilf ihnen, sich sicher genug zu fühlen, um zu scheitern.
6. Gib ihnen durch deine Demut und Achtsamkeit Anleitung und Hilfe.
7. Schaffe einen Platz für alle Emotionen, einschließlich Angst und Trauma.
8. Erlaube den Menschen, andere Entscheidungen zu treffen und andere Erfahrungen zu machen als du.

Ein agiles Spiel schafft einen Als-ob-Rahmen, in dem auch andere Regeln und Rollen gelten können als im Alltag. Dieser Spiel-Rahmen kann den sicheren Raum des Workshops wirksam ergänzen und vertiefen. Und zugleich als „doppelter" Boden wirken.

Wenn du damit deinen Teilnehmenden Einflussnahme und Entscheidungsspielraum ermöglichst, dir und anderen erlaubst, der eigenen Intuition zu vertrauen, werdet ihr sicherlich positiv überrascht werden.

5. Konsequentes An- und Abmoderieren des „Magic Circles"

Ein agiles Spiel schafft einen sicheren Raum auch durch den Beginn und das Ende der Simulation oder Übung. Jedem Teilnehmenden ist in diesem Moment klar, dass es nun losgeht bzw. das Spiel beendet ist.

Deine klare Sprache bei der Moderation unterstützt die Teilnehmenden dabei, die Phasen, Rollen und Perspektiven optimal zu wechseln. Du kannst das Eintauchen in die Übung auch durch das Nutzen eines separaten Spielorts unterstützen. Dann können deine Teilnehmenden sich in den Raum hineinbegeben und auch wieder heraustreten, um das, was geschehen ist, von außen zu betrachten. Je nach Dauer, Gefühlslagen und Intensität kann eine klare Dissoziation vom Spielgeschehen essenziell sein, um eine fokussierte Reflexion und Retrospektive zu ermöglichen.

6. Reflektiere deine hilfreiche und hinderliche Haltung

Deine Haltung, deine Überzeugungen und deine Werte erwecken deine Facilitation-Fähigkeiten und -Fertigkeiten zum Leben – und sie geben ihnen Bedeutung und Bedeutsamkeit.

Die folgende Auswahl ist eine nicht abgeschlossene und nicht überschneidungsfreie Sammlung von Mantras, die du dir bei deiner Moderation im Geiste halten solltest:

1. Genieße, etwas noch nicht zu wissen und neugierig zu sein.
2. Trenne stets die Wahrnehmung von der Bewertung.
3. Facilitation ist Orchestrieren.
4. Deine Teilnehmenden werden die für sie wertvollsten Einfälle selbst haben.
5. Erwarte und akzeptiere stets das Unerwartete.
6. Sei dir deiner eigenen Rollen bewusst und bringe dein Trainings-, Beratungs-, Moderations- und Coaching-Wissen als Ressource wirkungsvoll ein.
7. Fokussiere dein Feedforward auf Stärken.
8. Sei allparteilich statt neutral.
9. Bringe mehr Fragen statt Antworten mit.

Mache dir regelmäßig deine – häufig auch unausgesprochenen – Überzeugungen bewusst. Welche Haltungen, Überzeugungen und Mantras nutzen dir? Woher stammen diese? Tausche dich regelmäßig auch mit Vertretern anderer Disziplinen aus (z.B. aus Beratung, Coaching, Open Space Technology, der Angewandten Improvisation), probiere und nutze, was dir hilfreich und angemessen erscheint.

Tipp

Reflektiere kurz.

- Wie schätzt du deine Fertigkeiten in Bezug auf die beschriebenen sechs Facilitation Skills ein?
- Wozu benötigst du mehr Feedback?
- Worin möchtest du dich verbessern?

Essenzielle Quellen zum Erkenntnisgewinn beim Fazilitieren

Beim Verantworten des Prozesses und beim Entscheiden, was jetzt am zielführendsten ist, liefern diese Fragen wertvolle Hinweise. Sie fokussieren die Fazilitierenden, das Spiel sowie die Wirkung auf die Spielenden. Links stehen Einflussfaktoren, welche Moderierende direkt kontrollieren können. In der Schnittmenge finden sich Faktoren, welche durch das Spiel, wann und wie es zum Einsatz kommt, sowie durch die Sprache und die Einladung an die Teilnehmenden bestimmt werden. Und der Kreis rechts beschreibt die Wirkung aller anderen Faktoren auf die Spielenden. Da letztere Faktoren lediglich indirekt von den Moderierenden zu beeinflussen sind, ist es empfehlenswert, die Entstehung der Wirkung bewusst wahrzunehmen, um gute Beeinflussungsmöglichkeiten zu entdecken.

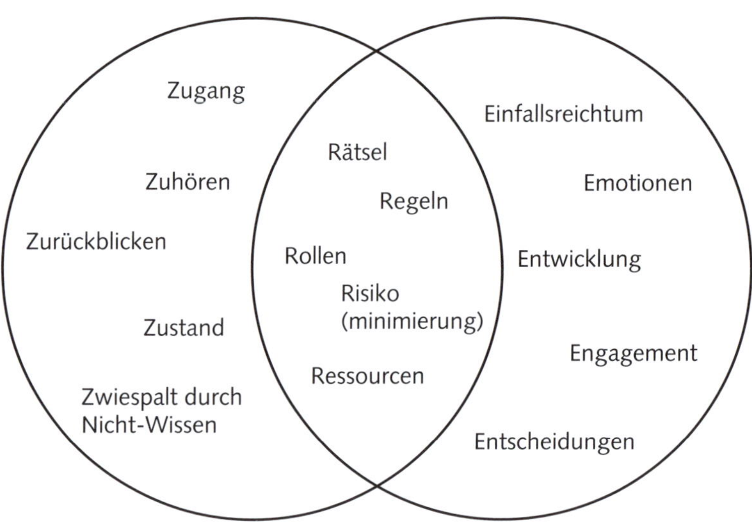

Einflussfaktor	Fragen zum Erkenntnisgewinn
Zugang	Wie wird der Spielmoment (Magic Circle) eröffnet und beendet?
Zuhören	Welche inneren und äußeren Wahrnehmungen gibt es?

Einflussfaktor	Fragen zum Erkenntnisgewinn
Zurückblicken	Wie wird das Geschehene bewusst gemacht?
Zustand	Wie äußern sich innere und äußere Haltung und Zustand?
Zwiespalt durch Nicht-Wissen (Zwei Seelen)	Kann Neues frei entstehen oder gilt lediglich, das vorab bestimmte Ziel zu erreichen?
Rätsel	Was ist die genaue Herausforderung im Spiel?
Regeln	Was ist erlaubt, geduldet und erwünscht? Welche zusätzlichen (un-)ausgesprochenen Regeln gibt es?
Ressourcen	Welche Lösungsmittel stehen zur Verfügung? Welche nicht?
Risiko(minimierung)	Wie wird sichergestellt, dass die Teilnehmenden sicher sind? Welche „doppelten Böden" gibt es, beispielsweise Rollen, Botschaften oder Missionen?
Rollen	Welche Rollen und Aufgaben gibt es, zu verteilen?
Einfallsreichtum	Wie kreativ, neuartig oder gewöhnlich ist das Vorgehen bei der Lösungssuche?
Emotionen	Welche Gefühle und Reaktionen werden ausgelöst?
Engagement	Wer ist wann, wie viel fokussiert und an der Lösung interessiert?
Entscheidungen	Wie werden Entscheidungen getroffen? Mit welcher Beteiligung und nach welcher Methode?
Entwicklung	Wie entwickeln Teilnehmende Lösungen und setzen diese um? Wie gehen sie mit Erfolgen und Misserfolgen um?

Durch das Beachten aller genannten Faktoren erhöhst du die Wirksamkeit deines Handelns.

Verstehe diese Elemente als „Stellschrauben" für dein Wirken: Du solltest stets alle im Blick haben und sie zielgerichtet mit Leben und Sinn füllen.

Tipp

Im Kapitel 2 – Checkliste, Schritt 5: Einladungen formatieren (S. 32) – haben wir weitere wichtige Fähigkeiten rund um deine Haltung, Präsenz, Sprache und Taten zusammengestellt.

Zusammenfassung

Dieses Kapitel fokussiert auf die (sechs) wesentlichen Elemente der Facilitation, die aus unserer Sicht relevant sind, um Wirksamkeit herzustellen. Da das Feld der Facilitation-Kompetenzen ein weites ist, versteht sich dieses Kapitel als Fokus und Einladung, weiterzuforschen und zu lernen, um die notwendigen Skills auszubauen. Ist ein Spiel zu Ende gespielt, so endet die Facilitation noch nicht, wechselt jedoch ihren Fokus auf die Erkenntnisverankerung. Dies geschieht in Form einer Nachbesprechung – oft auch Debriefing genannt. Diesem Thema widmen wir uns im nächsten Kapitel.

Kapitel 5: Die Nachbesprechung – Erkenntnis verankern durch das Debriefing

Ein weiteres zentrales Element der Facilitation von agilen Spielen ist das Debriefing. Denn ohne gemeinsame Reflexion ist der Einsatz eines agilen Spiels weniger wirksam, da weder du in der Facilitation noch die Teilnehmenden selbst wissen, ob sich etwas in Richtung des vereinbarten Lernziels getan hat. Ein reines Beobachten von Verhalten und Gruppendynamik lässt zu vieles unentdeckt.

Erst die Reflexion macht neu gewonnene Einsichten sichtbar und ermöglicht bzw. festigt Verständnis und Veränderungen. Reflexion verstehen wir als Prozess: Die Teilnehmenden werden durch Fragen eingeladen, nach innen zu schauen und das gerade Erlebte im eigenen Spiegelbild zu reflektieren. Annahmen, Beobachtungen und Erfahrungen der Teilnehmenden während des Spielens werden wieder ins Gedächtnis gerufen, und das eigene Handeln wird betrachtet. So wird sichtbar, was während des Spielens nicht oder wenig beobachtet wurde: individuelle Handlungen, zugehörige Intuitionen und die Bedeutungen, die ihnen durch die Teilnehmenden gegeben wurden. Durch dieses „an die Oberfläche holen" ermöglichen wir Lernen durch Verstehen, und zwar sowohl durch das Verstehen des eigenen Verhaltens als auch durch das Abgleichen des eigenen Verhaltens mit den Erfahrungen anderer Teilnehmenden.

Die Moderation sollte stets Zeit, Raum und Struktur für eine zielgerichtete Nachbesprechung gewährleisten, damit die Teilnehmenden selbst erkennen, was sie gelernt haben.

Im Kern besteht das Debriefing aus einem authentischen Gespräch über das persönliche Erleben der Teilnehmenden – methodisch durch eine Abfolge von Fragen und einer Moderation, deren vorrangiges Ziel es ist, das Gespräch in Richtung der Fokusthemen im Fluss zu halten.

Die Nachbesprechung hat die folgenden Ziele:

- Die Teilnehmenden reflektieren das agile Spiel, ihre Rolle und ihr Verhalten im Spiel.
- Die Teilnehmenden übernehmen die Verantwortung für ihr Handeln.
- Das Aussprechen des eigenen Erlebens fördert das Vertrauen der Teilnehmenden untereinander.

- Denkweisen, Haltungen, Herangehensweisen, Beobachtungen, gemachte Erfahrungen und Annahmen der Teilnehmenden werden auf Basis von Handlungen für alle sichtbar, besprechbar und reflektiert.
- Die Moderation erkennt Fokusthemen der Teilnehmenden und gleicht diese mit den beabsichtigten Fokusthemen ab, um zu entscheiden, ob etwas ausreichend betrachtet sowie zukunfts- und umsetzungsorientiert besprochen wurde.
- Die Moderation kann passende (Rück-)Fragen stellen, um die Teilnehmenden einzuladen, sich ein gewünschtes Thema zu erschließen.
- Das Debriefing ist ein klares Signal zum Verlassen des „Magic Circles“ (vgl. Kap 4, Seite 66). Dies kann hilfreich und besonders notwendig sein, wenn die Teilnehmenden Abstand zu dem gerade noch Erlebten gewinnen sollen.
- Die Nachbesprechung soll verschiedene Perspektiven auf das Geschehen ermöglichen, einschließlich der Ergebnisse, der Aktionen, des Prozesses, der Ziele und des Zwecks dieser spielerischen Intervention sowie deren Abhängigkeiten.

Wir unterscheiden drei Erkenntnisebenen:

1. Die **Ich-Ebene (Handlungsebene)**, in welcher die Teilnehmenden reflektieren, was sie während des Spiels gedacht, gefühlt und getan oder unterlassen haben und welche Wirkung und Ergebnisse sie damit hervorgerufen haben. Der Fokus liegt hier auf der individuellen Verantwortung jedes Einzelnen.
2. Die **Team-Ebene (Ebene der gemeinsamen Ergebnisse und Strategien)**, auf der die Konsequenzen individuellen Handelns für die Gesamtgruppe betrachtet werden. Gruppendynamische Aspekte wie gegenseitige Abhängigkeiten, Kooperation und Kommunikation untereinander stehen im Mittelpunkt.
3. Die **Organisationsebene (Überzeugungs- und „Regelwerksebene“)**, hier liegt der Schwerpunkt auf den entstandenen Rollen und der Frage, wie das System in Gang gekommen und geblieben ist. Es wird reflektiert, was die Gruppeninteraktion bewirkte und was nicht, welche individuellen Möglichkeiten übertroffen wurden und was alle angesprochenen Themen in ihrer Gesamtheit bedeuten.

Das Debriefing erlaubt, aus der spielerischen Interaktion eine gesicherte Lernerfahrung zu machen. Die Teilnehmenden werden eingeladen, sich mit dem Erlebten auseinanderzusetzen und sich darüber auszutauschen. Gleichzeitig ist diese Phase der Moment, in dem die Fazilitierenden herausfinden können, was die Teilnehmenden wahrgenommen haben und welche Lernziele so erreichbar wurden. Und dies ist noch nicht alles: Du kannst während der Nachbesprechung herausfinden, welche weiteren Fokuspunkte deine Teilnehmenden sonst noch – quasi beiläufig – durch die spielerische Intervention mitgenommen haben.

Durch wirksame Fragen die Qualität der Reflexion verbessern

Im Debriefing und beim Reflektieren sind es vor allem Fragen, die sich als besonders wertvoll herausstellen. Denn angeregt durch die Fragen werden die Teilnehmenden eingeladen, ihr individuelles Erleben zu offenbaren. Im Gesprächsverlauf können gemeinsame und ungleiche Erfahrungen identifiziert werden.

Mit angemessenen und stimmigen Fragen verbessert sich zugleich die Qualität der Reflexion. Die Angemessenheit deiner Fragen steigt automatisch mit deiner eigenen Klarheit. Beantworte daher zunächst diese Fragen:

1. Was möchtest du mit dem Debriefing erreichen?
2. Wie möchtest du das erreichen?
3. Welchen Auftrag möchtest du erfüllen?
4. Was möchtest du für die Teilnehmenden erreichen?
5. Worüber sollen sich die Teilnehmenden austauschen?

Bereite dein Debriefing und deine Reflexionsfragen schriftlich vor und finde für jedes deiner Fokusthemen mindestens eine Frage, damit du diese gezielt in der Nachbesprechung adressieren kannst. Nutze dabei die Fragen aus diesem Kapitel und der erwähnten weiteren Quellen als Inspiration und Anleitung. Es ist unserer Erfahrung nach auch hilfreich, den Teilnehmenden das Ziel der Nachbesprechung, die Vorgehensweise und was daraus resultieren kann, mitzuteilen. Eine interessante Variation ist, den Teilnehmenden sogar *vor* dem Spielbeginn eine (oder mehrere)

Debriefing-Fragen oder -themen mitzuteilen. So können sie sich bereits im Spielerleben darauf fokussieren.

Der Frageprozess kann von den Teilnehmenden selbst initiiert oder moderiert werden. In beiden Fällen unterstützt die Moderation die Teilnehmenden dabei, fokussiert zu bleiben und nicht vom Thema abzukommen. Sollte es notwendig sein, kann die Moderation auch dysfunktionales Verhalten, während der Nachbesprechung spiegeln und eingreifen.

Die übergeordnete Frage zur Auswahl geeigneter Debriefing-Fragen lautet für uns:

Hilft diese Frage und die mögliche Antwort bzw. Erkenntnis, die sich daraus ergibt, den Teilnehmenden, sich selbst im Kontext der Erfahrungen, die sie im Spiel gemacht haben, zu reflektieren und damit das Lernziel zu erreichen?

Eine Debriefing-Frage ist damit stets situationsabhängig und in gewisser Weise individuell. Dennoch gibt es unserer Erfahrung nach Fragen und Kategorien von Fragen, welche geeigneter erscheinen als andere. Wichtig ist dabei, dass deine Haltung und Persönlichkeit kongruent sind mit dem, was du sagst und tust (vgl. Kapitel 2, Seite 32). Es ist also nicht ausreichend, eine Liste von Fragen zu erstellen, sie gar von einer anderen Moderation zu kopieren und auf deinen Kontext anzuwenden. Es gilt vielmehr, die vier Stellhebel eines wirksamen Spiels – Kontext, Fokus, Teilnehmende und Facilitation – ausgewogen zu beachten (vgl. Kapitel 3, Seite 50) und dich mit deiner Persönlichkeit einzubringen.

Tipp

Durch den Fokus und Verlauf eines agilen Spiels, den Kontext und das, was die Teilnehmenden erleben wollen und erlebt haben, ergeben sich meist ganz von allein (Rück-)Fragen, die ein guter Startpunkt für ein wirksames Debriefing sind.

Offene Fragen während der Facilitation laden die Teilnehmenden ein, in den eigenen Suchprozess einzutauchen. Je erforschender deine Fragen sind und je mehr „Raum" für deine Teilnehmenden ist, desto mehr wird ein Anknüpfen an das Wissen und die Erfahrungen jedes Einzelnen ermöglicht. Und das ist ja genau das, was wir mit dem Debriefing und dem damit verbundenen Reflexionsprozess erreichen wollen: an vorhandenes Wissen und vorhandene Erfahrung anknüpfen und so die Integration des Neuen ermöglichen und die Umsetzung im Alltag erleichtern.

Im Gegensatz dazu kannst du geschlossene Fragen nutzen, um Themen abzuschließen und Entscheidungen herbeizuführen. Mögliche Antworten können den Teilnehmenden direkt angeboten werden, beispielsweise Ja/Nein, Ja/Trage Gruppenentscheid mit/Habe noch Rückfragen/Nein oder eine Skala von 1–5.

Dieser Katalog offener Fragen soll als erste Anregung zur Vorbereitung dienen:

- Was habt ihr erlebt?
- Was ist gerade passiert?
- Wie geht es dir/euch?
- Was ist dir/euch (an dieser Übung) aufgefallen?
- Was ist durch diese oder während dieser Übung transparent geworden?
- Was hat diese Übung mit dir/deiner Organisation/Arbeit zu tun?
- Was glaubt ihr, warum haben wir diese Übung gemacht?
- Wenn diese Übung ein einziges Lernziel hätte, welches wäre das?
- Was war dir wichtig beim Lösen der Aufgabe(n)?

Eine empfehlenswerte, gut strukturierte Inspirationsquelle für wirksame Fragen ist das sogenannte Sokratische Fragen. Richard Paul und Linda Elder beschreiben in ihrem Buch „Thinkers Guide to Socratic Questioning" ausführlich die Prinzipien des kritischen Denkens, die Grundmuster und die Praxistauglichkeit dieser Fragetechnik. Mit dem nachfolgenden Fragenkatalog in Anlehnung an den Sokratischen Dialog[11] lassen sich Ideen und Logiken ergründen sowie Hintergründe und Perspektiven aufdecken.

[11] The 6 Types of Socratic Questions, http://www.jamesbowman.me/post/socratic-questions-infographic.pdf, abgerufen am 27.02.2023.

Fragen	Kategorie
1. Kannst du mir ein Beispiel nennen? 2. Kannst du das näher erläutern? 3. Willst du damit sagen, dass …? 4. Was ist das Problem, das du lösen möchtest?	Verständnisfragen
5. Ist das immer der Fall? 6. Gehst du davon aus, dass …? 7. Wie kannst du das feststellen oder widerlegen? 8. Was würde passieren, wenn …?	Annahmen hinterfragen
9. Wie kommst du darauf? 10. Woher weißt du das? 11. Und warum? 12. Welche Beweise gibt es, die … unterstützen?	Prüfen von Beweisen und Begründungen
13. Gibt es irgendwelche Alternativen? 14. Was ist die Gegenmeinung? 15. Was macht deinen Standpunkt passender? 16. Wer wäre davon betroffen und was würden diese Personen denken?	Alternative Perspektiven berücksichtigen
17. Was sind die Auswirkungen von …? 18. Wie wirkt sich das auf … aus? 19. Was ist, wenn du dich irrst? 20. Was wird unserer aller Erfahrung nach wahrscheinlich passieren?	Berücksichtigung von Implikationen und Konsequenzen
21. Was denkst du, warum ich genau diese Frage gestellt habe? 22. Was bedeutet …? 23. Was ist der Sinn und Zweck dieser Frage? 24. Was könnte ich noch fragen?	Fragen über die Fragen (Meta-Fragen)

Als Inspiration bei der Vorbereitung, Moderation und Reflexion nutzen wir ebenso den #TheDebriefingCube-Fragenkatalog mit seinen sechs Perspektiven für wirksame Reflexion: Ziel, Prozess, Gruppendynamik, Kommunikation, Emotionen und Was nun? Du findest alle Fragen im Anhang dieses Buches (ab Seite 107).[12]

[12] Eine weitere interessante Quelle sind die Fragetechniken und die Haltungsempfehlungen aus David Groves Clean Language. Diese ermöglichen unter anderem, Erfahrungen metaphorisch und symbolisch zu erkunden.

Spannungen im Reflexionsprozess

Beachte, dass Reflexion immer ein innerer Prozess einer Person ist, welcher von außen angestoßen werden kann. Der Prozess ist ergebnisoffen, das heißt, die Antworten und Ergebnisse sind weder vorhersehbar noch inhaltlich vorbestimmbar. Durch das gemeinsame Erleben und die Interaktionen der Teilnehmenden untereinander kommt es jedoch mit hoher Wahrscheinlichkeit zu einer Schnittmenge der gemachten Erfahrungen. Diese Schnittmenge der geteilten Erfahrungen, die Lernziele des agilen Spiels und die Alltagserfahrungen der Teilnehmenden fließen so zusammen.

Ganz natürlich kommt es auch zu widersprüchlichen Erfahrungen, Teilnehmende geben Wahrnehmungen unterschiedliche Bedeutungen und reagieren auf das Geschehen individuell anders. Auch dies darf sein, denn das Ziel ist nicht, dass alle eine Situation identisch wahrnehmen oder bewerten, sondern, dass das Lernziel erreicht wird und darüber hinaus die weiteren Themen der Teilnehmenden zukunfts- und umsetzungsorientiert besprochen werden. Diese Spannung auszuhalten, ist Teil der Aufgabe der Moderation. Die Reibung kann im Rahmen des Debriefings auch ein weiteres Lernthema für die Teilnehmenden darstellen und bedeutend sein für den Prozess der Konsensbildung rund um gemeinsame nächste Schritte und den Lerntransfer im Allgemeinen.

Tipp

Ein kurzes Debriefing kann übrigens auch während des Spiels geplant oder ungeplant geschehen, denn Situationen, in denen Harmoniebedürfnisse und Widerspruchsvermeidung dominieren oder Verhaltensweisen einzelner Teilnehmender den Spielverlauf in eine bestimmte Richtung lenken, treten ganz natürlich auf und müssen meist direkt adressiert werden.

Durch eine gewollte Spannung oder das Spiegeln der Widerspruchsvermeidung fokussieren Fazilitierende den Lern- und Erlebnisprozess der Gruppe in eine bestimmte Richtung. Beachte jedoch, dass dies von Einzelnen oder der Gruppe als störend aufgefasst werden kann – was sich vielleicht gerade deshalb als Reflexionsthema in der anschließenden Nachbesprechung eignet.

Spannungen aufgrund unterschiedlicher Bedeutungen und Gewichtungen von Verhaltensweisen im Spiel oder der Wortwahl bei der Beschreibung von Verhalten, aufgrund unterschiedlicher Empfindungen im Spiel oder bei der anschließenden Reflexion oder aufgrund unterschiedlicher Vorgehensweisen bei der Suche nach und der Umsetzung von Lösungen sind oft gut Anlässe, nachzuspüren und nachzufragen.

Menschen halten oft an ihren eigenen Interpretationen und Realitäten fest, sowohl Teilnehmende als auch Fazilitierende. Da diese auf persönlichen Erfahrungen beruhen, selbst entwickelt und subjektiv sind, fühlen sie sich echt und richtig an. Das ist verständlich und menschlich. Momente, die deine besondere Aufmerksamkeit erfordern, entstehen, wenn „Wahrheiten" und Emotionen aufeinandertreffen. Überprüfe die Aussagen der anderen, ob du sie vollständig erfasst und verstanden hast und ob du sie in die Argumentation einordnen kannst!

„Bitte nicht darum, verstanden zu sein, sondern zu verstehen."
Franz von Assisi

Ermögliche dieses Verstehen allen Teilnehmenden, indem du mit deinen Fragen einlädst, ein Thema zu fokussieren, zu vertiefen, aus einer anderen Perspektive zu betrachten oder loszulassen, Gesagtes zu präzisieren oder Unausgesprochenes auszusprechen.

Wir laden dich ein, deinen Teilnehmenden bewusst ein Vorbild zu sein mit deiner offenen, einladenden und allparteilichen Haltung, deiner inklusiven Kommunikation auf Augenhöhe und zur Stärkung der Beziehungsebene. Mehr noch, wir sind davon überzeugt, dass deine Haltung und die Art und Weise, wie du den „Raum" für einen authentischen Erfahrungsaustausch unter all deinen Teilnehmenden öffnest und hältst, deiner Nachbesprechung mehr Wirkung verleiht als eine bestimmte (Nach-)Frage. Dies bedeutet natürlich nicht, dass es nicht darauf ankommt, was du sagst. Vielmehr sind es deine Überzeugungen und Werte, die dem gesprochenen Wort die nötige Tiefe geben. Oder wie es in Kapitel 2 formuliert ist: Deine Haltung emotionalisiert, erweckt deine Taten und Worte zum Leben und gibt ihnen Gewicht und Bedeutung.

Vertraue darauf, dass, wenn du dich inhaltlich zurücknimmst, deine Teilnehmenden in den Vordergrund treten – inhaltlich und emotional. Deshalb ist „Leave your ego at the door" (Lass dein Ego an der Tür) ein Mantra, welches wir oft wiederholen. Konzentriere dich darauf, die Kernthemen und Erfahrungen deiner Teilnehmenden mit den Lernzielen und Wünschen der Auftraggebenden auszubalancieren.

Ohne Kontext, Fokusthemen, Teilnehmende und deine Präferenzen bei der Facilitation zu kennen, ist es nicht möglich, eine „optimale" Dauer des Debriefings vorherzusagen. Wenn es dem Lernziel zuträglich ist und die Teilnehmenden sehr wahrscheinlich in der Lage sind, weitere Erkenntnisse zu verarbeiten, und das Interesse sowie die Beteiligung hoch sind, dann kannst du davon ausgehen, dass die Nachbesprechung Weiteres zu Tage bringen wird. Frage auch gern eine Weile nach dem Beginn des Debriefing-Gesprächs bei der Gruppe nach, ob sie weitermachen wollen. Viel häufiger, als du vielleicht vermutest, weiß die Gruppe sehr gut, was sie gerade benötigt.

Es ist die Rolle des Fazilitierenden, den Reflexionsprozess zu starten und dann dafür Sorge zu tragen, dass alle Teilnehmenden zu Wort kommen. Die meisten – wenn nicht alle – agilen Spiele sind so aufgebaut, dass es keine richtigen oder falschen Themen bei den Lernzielen und der Reflexion gibt.

Deine Haltung und Sprache im Reflexionsprozess

In der Moderation dieser Nachbesprechung gilt das Gebot der Zurückhaltung, damit das Urteil der Moderierenden nicht zum Vorurteil der Teilnehmenden wird. Bedenke, dass die Teilnehmenden der Meinung der Spielleitung häufig eine höhere Bedeutung beimessen als Meinungen anderer Teilnehmender.

Daher ist es empfehlenswert, dass du in der Moderation nicht aus Versehen (zu viel) von deiner Welt, von deinem Erleben, aber auch von deinem Selbstverständnis, was gedacht, erlebt und konsequenterweise daraus auch gelernt werden müsste, einbringst. Stattdessen ist es Aufgabe deiner Moderation, den Prozess des Debriefings anzuleiten und gleichzeitig die Verantwortung für die darin stattfindende Reflexion den Teilnehmenden zu übergeben. Mit dieser Übergabe führst du sie dahin, eigenverantwortlich zu entscheiden, welche Aspekte sie reflektieren wollen. Die Teilnehmenden werden eingeladen, ihre Beobachtungen, Gedanken und Bewertungen gemachter Erfahrungen gleichberechtigt zu teilen. Dies ermöglicht, die Gedanken der Anderen mitzudenken, mit den eigenen Vorstellungen abzugleichen und daraus weitere Schlüsse zu ziehen.

Die folgenden Erfolgsrezepte sind in Anlehnung an das Sokratische Gespräch[13] entstanden und ergänzen sehr gut die bereits im Kapitel 4 auf Seite 67 beschriebenen Mantras:

1. Sprich klar, kurz und für alle Teilnehmenden verständlich.
2. Bleib bei dem Thema, das gerade diskutiert wird, und schweife nicht ab.
3. Nimm die Äußerungen aller Teilnehmenden gleichermaßen ernst.
4. Überprüfe die Aussagen der anderen, ob du sie vollständig erfasst und verstanden hast und ob du sie in die Argumentation einordnen kannst.
5. Äußere deine Fragen und Zweifel, aber spiele nicht den Anwalt des Teufels (Advocatus Diaboli).
6. Strebe einen Konsens an.

Die Moderation sollte darauf achten, dass

- die Teilnehmenden die Spielregeln des Gesprächs einhalten,
- sich untereinander wirklich verstehen,
- dass sie bei dem Thema bleiben, das gerade diskutiert wird, und
- dass fruchtbare Ansätze nicht wieder verloren gehen.

---

[13] Das Sokratische Gespräch ist eine moderierte Form des gemeinsamen Nachdenkens über eine Fragestellung unter Gleichberechtigten mit dem Ziel des Erkenntnisgewinns über das Fokusthema der Frage. Die Regeln 1–6 wurden in anderer Formulierung vom emeritierten Mathematik-Professor Hartmut Spiegel beschrieben. http://math-www.uni-paderborn.de/~hartmut/Sokratik/Vortr_SokMethMathL_91KARLSR.pdf, abgerufen am 27.02.2023.

Deine Fragen und wie du die Antworten einzelner Teilnehmenden aufgreifst, hinterfragst und überprüfst, bestimmen, wie sehr sich deine Teilnehmenden auf den Lernprozess einlassen. Die Absicht hinter deinen Fragen ist, allen ein besseres Verständnis zu ermöglichen – auch dir, aber nicht ausschließlich.

Eine gute Frage hilft den Teilnehmenden, über ihre Erfahrungen im Spiel nachzudenken. Und eine gute Frage ermöglicht Selbstreflexion und Selbstverantwortung in Bezug auf das eigene Verhalten nach dem agilen Spiel. Ziel ist nicht, sozial erwünschte Antworten zu erzeugen, sondern die Teilnehmenden einzuladen, sich, die Gruppe und ihren Beitrag zu erkunden.

Um wirksame Formulierungen für deine Lieblingsfragen in der Nachbesprechung zu finden, listen wir hier einige Skalen auf, um deine Wortwahl zu erforschen. Die genannten Dimensionen sind dabei weder gut noch schlecht, sondern die Kombination und Ausprägung, der Kontext, dein und der Zustand der Teilnehmenden ist entscheidend dafür, ob die (Nach-)Frage und der daraus resultierende Gesprächsverlauf angemessen und hilfreich sind.

Wie sprichst du? Wie kannst du das gleiche anders formuliert erfragen?

Wann tendierst du wohin? Wie formulierst du intuitiv? Worin möchtest du gern flexibler werden? Wie verändert sich deine Wortwahl, wenn es stressiger wird? Welche Skalen kannst du ergänzen?

Es geht nun nicht darum, jedes Wort auf die Goldwaage zu legen, sondern um deine Bewusstheit für die Sprache. Mit Sensibilität und Flexibilität, angemessene Fragen und Nachfragen zu formulieren, kannst du das Gespräch mit und unter den Teilnehmenden fokussiert im Fluss halten und die Wirksamkeit einer Nachbesprechung erhöhen.

Wir laden dich ein, dein Wissen und deine Erfahrungen zu reflektieren und aktuell zu halten. Je vielfältiger deine Fähigkeiten sind, dich auszudrücken oder Fragen zu stellen, desto wirksamer kannst du deine Moderation gestalten. Denn:

> **Tipp**
> Du nimmst mit deiner Sprache und durch das, was du tust und nicht tust, Einfluss auf das, was geschieht.

Was nicht passieren sollte

Etwas muss unbedingt passieren

Der Wunsch oder die Vorstellung, dass etwas ganz Bestimmtes aus dem Einsatz eines agilen Spiels herauskommen soll, kann verschiedene Ursachen haben: Du, deine Auftraggeber oder einzelne Teilnehmende haben das Spiel bereits erlebt und möchten, dass die Anwesenden genau die gleiche Erfahrung machen. Dieses Szenario ist nicht unwahrscheinlich, aber unmöglich zu erfüllen. Denn die Teilnehmenden und Gruppendynamik zweier Workshops, der Kontext der Lernenden, ihre Fokusthemen sowie deine Moderation sind einzigartig. Darüber hinaus ist Lernen stets ein individueller Prozess. Mache deshalb jenen, die ein ganz bestimmtes Ergebnis im Hinterkopf haben, früh klar, was in deiner Macht und was durch dich nicht direkt beeinflussbar ist.

Die richtige oder falsche Antwort

Unsere Teilnehmenden und auch wir Moderierenden entwickeln während des Spielens eine Vorstellung davon, was richtig und falsch, erlaubt und nicht erlaubt, sinnvoll und nicht sinnvoll oder wichtig und nicht wichtig ist. Solche Bewertungen geschehen ganz natürlich. Durch Fragen nach Motiven, Bedeutungen und Bewertungen für oder gegen ein bestimmtes Verhalten ermöglichst du aber deinen Teilnehmenden einen Austausch über Interessen statt Positionen.

Nimm auch subtile Wertungen durch Sarkasmus und Ironie oder non-verbales Kommentieren durch Gestik und Mimik wahr und adressiere diese. Darüber hinaus empfehlen wir dir, deinen „Muskel", verschiedene Perspektiven einnehmen zu können und zu trainieren, damit du bei deiner Moderation allparteilich bist.

Das Unterdrücken unerwünschter Antworten

Die sprachliche Abwertung von Spielenden und (Rede-)Beiträgen, beispielsweise durch Sarkasmus oder Ironie, kann ebenso wie die körpersprachliche Abwertung durch Gestik und Mimik zur Unterdrückung „unerwünschter" Antworten führen – oder sogar dafür genutzt werden. In solchen Fällen sind eine starke Präsenz und ein hohes Maß an Selbstreflexion seitens der Fazilitierenden erforderlich. Die Kernfrage für den Moderierenden lautet: Wie kann ich für alle Teilnehmenden den optimalen Raum zum Entdecken dessen, was jetzt notwendig ist, schaffen? Das laute Aussprechen eigener Gedanken, die Reflexion in „geschützteren" Kleingruppen, das Nachfragen in Pausen, die strikte Einhaltung der Redezeit, das Benennen dysfunktionaler Verhaltensweisen (wie Sarkasmus und abwertende Körpersprache) oder der Einsatz von Gesprächsregeln können zielführende Ansätze sein.

Die Angst vor Kontrollverlust

Die Nachbesprechung ist ein ergebnisoffener Prozess und damit im Kern nicht kontrollierbar. Beobachtungen und Deutungen der Teilnehmenden, ihr Verhalten, ihre Beiträge und Reaktionen auf die Äußerungen der Mitspielenden sind unvorhersehbar. Mit deiner Einladung zum Debriefing kannst du dem Prozess eine Richtung geben und den Prozess moderieren, sodass deine

Teilnehmenden fokussiert und zielorientiert sind. Was genau, wie und wer was beiträgt, ist natürlich nicht vorhersagbar. Solltest du zum Beispiel Angst verspüren, dass bestimmte Themen (nicht) angesprochen werden – vielleicht weil du nicht weißt, wie du mit einer solchen Situation umgehen sollst oder weil die Auftraggeber oder Teilnehmenden ein zentrales Thema ausblenden möchten –, wird ein Teil deiner Aufmerksamkeit genau damit beschäftigt sein, und du wirst den Prozess nicht gut begleiten, da du nicht mehr allparteilich sein kannst. Falls du beim Moderieren mit dir selbst beschäftigt bist, bist du nicht mit der vollen Aufmerksamkeit beim Reflexionsprozess der Einzelnen und der Gruppe. Allparteilichkeit bedeutet eben, dass man die unterschiedlichsten Standpunkte einnehmen kann und dazu bereit und in der Lage ist, dass sich die Teilnehmenden sicher fühlen, das auszusprechen, was ihrer Meinung nach zum Ausdruck gebracht werden soll.

Tipp

Sei dir also deiner eigenen Ängste bewusst und habe Klarheit darüber, wie du mit ihnen umgehen wirst. Wir laden dich an dieser Stelle wieder ein, den Abschnitt *Essenzielle Kompetenzen der Fazilitierenden* auf Seite 62 unter dem Aspekt der Angst zu lesen. Welche weiteren Erkenntnisse und Lernfelder ergeben sich dadurch für dich?

Debriefing ist also der Abschluss der Phase Aktion. Du bist dabei auf die Gesprächsführung durch Reflexionsfragen fokussiert. Entstehende Erkenntnisse und Ergebnisse können von den Teilnehmenden oder dir gern für alle visualisiert werden. Nun ist auch der Zeitpunkt gekommen, in dem die Moderation zusammenfasst, Lernziele, Fokusthemen und gegebenenfalls weitere Themen aus der Auftragsklärung hervorhebt.

Präsent zu sein, auf deine Teilnehmenden und das Geschehen fokussiert, allparteilich und gleichzeitig für den Prozess zum Erreichen der vereinbarten Lernziele verantwortlich zu bleiben und darüber hinaus deine Intuition zu nutzen und dich bei all diesen gleichzeitig ablaufenden Dingen selbst nicht zu verlieren – wenn du an diesem Ort sein willst, dann sind dies in der Tat Momente, für die du dich *vorbereitest*. Vertraue darauf, dass sich die richtige Frage im richtigen Moment zeigt, entweder, weil deine Teilnehmenden sie stellen, du sie im passenden Moment formulierst oder sie auf deinen vorbereiteten Unterlagen steht.

Zusammenfassung

Erkenntnisverankern schließt den Lernzyklus hin zum Tagesgeschäft und erfüllt idealerweise den Auftrag (siehe Kapitel 3, Seite 50, *Die vier Stellhebel für Wirksamkeit*). Hierzu bietet dieses Kapitel einen Leitfaden, um Teilnehmende in ihrem Reflexionsprozess wirksam zu begleiten. Abgerundet wurde dies durch eine Liste von Dingen, die „nicht passieren dürfen", jedoch von uns immer wieder beobachtet werden. Obwohl diese Liste nicht abschließend ist, so adressiert sie doch den Kern des Beobachteten.

Fazilitieren eines agilen Spiels und Erkenntnisverankerung sind begleitbare, aber nicht Schritt für Schritt durchplanbare Prozesse. Das folgende Kapitel rundet das Buch ab, indem es Hilfestellung bietet, wie mit Ungeplantem umgegangen werden kann. Denn eines dürfte klar geworden sein: Der Prozess des Erkenntnisgewinn steht im Vordergrund und lässt sich mit etwas Geschick zwar meist in eine gewünschte Richtung lenken – aber eben nicht immer.

Kapitel 6: Souverän mit Ungeplantem umgehen

Inzwischen sollte klar geworden sein, dass wir mit Agile Games offene Prozesse managen und durch das Arbeiten mit Hirn, Herz und Hand auch immer an einen scheinbar unkontrollierbaren Punkt im Ablauf kommen können.

In diesem Kapitel greifen wir zum Abschluss weitere Themen auf, die bisher nicht besprochen wurden, die unserer Erfahrung nach aber auf die eine oder andere Art und Weise im Verlauf der Facilitation auftreten. Ziel ist, dass du von unserer Erfahrung mit Spielen und Menschen beim Spielen profitierst und Hilfestellung erhältst, wie du souverän mit ungeplanten Situationen umgehen kannst, deine Gruppe wieder in den Ablauf zurückführst und das Spiel erfolgreich zu Ende gespielt werden kann.

Behalte dabei immer im Hinterkopf, dass deine Teilnehmenden immer kooperieren! Dies ist auch dann der Fall, wenn es für dich als Facilitator zunächst vielleicht nicht so aussieht oder wie Manipulation oder Boykott wirkt. Warum dies so ist und wie du damit strukturiert umgehst, erfährst du in diesem Kapitel.

Den Gutfall planen und das „Was wäre, wenn …“

Eine gute Planung (mittels der Checkliste in Kapitel 2, ab Seite 26) ist das A und O für deine erfolgreiche Spiele-Facilitation. Plane dabei immer zuerst den Gutfall deines Spiels: *Wie möchtest du, dass es abläuft?*

Folgende Fragen helfen dir dabei:

- Wenn alles so läuft, wie ich es mir vorstelle, wie läuft die Sequenz dann ab?
- Welche Lerninhalte sollen die Teilnehmenden mitnehmen?
- Was möchtest du als Feedback von den Teilnehmenden am Ende gern hören?

Auf das Wesen von Fragen und weshalb sie so kraftvoll sind, sind wir ja bereits im vorherigen Kapitel (siehe Seite 75) eingegangen. Zur Erinnerung: Durch die Beantwortung deiner Fragen für den Gutfall klärst du (idealerweise schriftlich) auch für dich selbst nachvollziehbar, was du erreichen möchtest. So kannst du gut vergleichen: Was hast du geplant, was passieren soll, und was ist tatsächlich passiert? Außerdem erleichterst du es dir, zu lernen.

Tipp

Finde weitere Fragen, die für dich persönlich relevant sind und die du dir künftig bei der Planung beantworten möchtest. Entwickle über die Zeit deinen eigenen Fragenkatalog.

Doch weshalb solltest du immer vom Gutfall ausgehen? Wir fokussieren im folgenden Abschnitt auf die zwei Hauptvorteile der Ausrichtung der Planung auf den Gutfall:

1. **Schärfung deiner Absicht und Ausrichtung der Aufmerksamkeit:** Indem du beim Planen deines Ablaufs deine Aufmerksamkeit darauf ausrichtest, was du erreichen möchtest – wir nennen es auch eine Absicht setzen –, überlegst du dir bereits konkret die einzelnen Schritte des Spiels in einer Art Gedankenexperiment. So kannst du beispielsweise Rückfragen von Teilnehmenden oder auch mögliche Skepsis vorwegnehmen und durchdenken und entsprechende Aktivitäten als Handlungsvarianten bereits vor der eigentlichen Durchführung für den Ablauf durchspielen und zusätzliche Sicherheit erlangen. Absicht wird manchmal auch Intention oder innere Ausrichtung bezeichnet. Sie ist zusätzlich zum Ziel zu verstehen und darf eher als die Absicht, das Ziel zu erreichen, verstanden werden.
2. **Gerichtete Aufmerksamkeit:** Stelle dir vor, was du erreichen möchtest. Dies gibt dir die Möglichkeit, dein Vorgehen bereits während der Planung zu durchdenken und bewusst zu entscheiden, was dein Tun bewirken soll. Das, worauf du deine Aufmerksamkeit richtest, ist das, was du unbewusst planst. Richtest du also den Fokus auf einen positiven Verlauf aus, tritt dieser eher ein. Wichtig ist, dass du definierst, was ein positiver Verlauf konkret für dich ist. Dies erreichst du zum Beispiel, indem du dir die Frage stellst: „Woran erkenne ich, dass der Verlauf positiv ist?“ Mit dem Hebel der Fokussetzung (siehe Seite 52) hattest du bereits gute Kriterien zur Zieldefinition festgelegt. Zur Fokussierung benutzt du diese nun, um die konkreten inneren Bilder zu erschaffen, wie die Teilnehmenden im Verlauf

reagieren werden. Lachen sie? Machen sie begeistert mit? Nachdem du skeptische Einwände von Teilnehmenden vorweggenommen und dir (möglichen) Antworten zurechtgelegt hast, kannst du die gerichtete Aufmerksamkeit nun auf den positiven Flow des Gutfalls legen und deine Vorbereitung gedanklich auf den positiven Ablauf konzentriert abschließen.

Absicht setzen und Aufmerksamkeit ausrichten

Mit deiner Absicht richtest du also all dein Tun darauf aus, was du mit den Teilnehmenden erreichen möchtest. Dies geht über Schritt 2 und Schritt 3 der Checkliste (siehe Seite 29 f.) hinaus und beinhaltet auch die mentale und detaillierte Vorbereitung einzelner Schritte des konkreten Tuns. So hilft in der konkreten Planung diese nun getroffene Absicht festzulegen, was als Nächstes zu tun ist und welche nächsten Schritte in die Gesamtsituation passen, damit du deine Gruppe in Richtung deines Ziels leitest.

Dabei geht es wie zuvor nicht darum vorzuschreiben, welche Lernergebnisse die Gruppe erzeugt, sondern darum, über die gesamte Zeit die Prozessbegleitung in der Hand zu halten, am Ziel auszurichten und entsprechend zu steuern.

Sowohl in der Vorbereitung als auch während der Durchführung solltest du deine Aufmerksamkeit auf das Ziel, welches du erreichen möchtest, und die Absicht, die du auf dem Weg dahin gesetzt hast, ausrichten. Dazu ist es notwendig, dass du dir nicht nur überlegst, wie du die einzelnen Schritte eines Spiels ausfüllst, sondern auch mit welcher Absicht du die einzelnen Schritte ausführst. Mittels dieser Absicht wirst du zu jeder Zeit in die Lage sein zu entscheiden, was der nächste Schritt im Hinblick auf dein Ziel ist, selbst wenn du dich jenseits einer geplanten Schrittfolge befinden solltest.

Diese Art der gerichteten Aufmerksamkeit mag auf den ersten Blick als theoretisches und schwierig umsetzbares Konzept erscheinen – vor allem für jene, die eine Schritt-für-Schritt-Spieleanleitung erwarten. Schritt-für-Schritt-Anweisungen haben den Nachteil, dass sie davon ausgehen, dass die Teilnehmenden in einer gewissen Art und Weise reagieren und kooperieren – und in diesem Kapitel geht es ja nun gerade um Situationen, in denen dies nicht der Fall ist.

Nachdem wir die notwendigen Voraussetzungen durch „Absicht und Aufmerksamkeit ausrichten" geklärt haben, stellen wir im nächsten Abschnitt konkrete Hilfestellungen für Ungeplantes vor. Jede dieser Hilfestellungen sollte an der zuvor gesetzten Absicht ausgerichtet werden. Dadurch entsteht eine durchgängige Kongruenz im Erleben der Teilnehmenden, obwohl die ursprüngliche Planung nicht eingehalten wird.

Konkrete Hilfestellungen bei „Störungen"

"Störungen" oder Ungeplantes können im Wesentlichen aus drei Richtungen kommen: von den Teilnehmenden, von der Moderation oder von außen. Auch wenn du vermutlich zunächst an die Teilnehmenden gedacht hast, so ist auch die Moderation Teil des Systems der Spielenden und kann deshalb eine „Störung" verursachen. Störungen von „außen" kommen oft von Zuschauenden, die das Geschehen kommentieren. Hier empfiehlt es sich schlichtweg, keine Zuschauer zuzulassen. Wer wird schon gern von außen beobachtet und dann auch noch „kommentiert"? Sollte dieses Nicht-Zulassen aus irgendeinem Grund nicht möglich sein, so bekommen die Zuschauenden zumindest eine Aufgabe, beispielsweise die des stillen Beobachters. Beobachter teilen ihre Beobachtungen und Erfahrungen genauso wie alle anderen im Debriefing und sind von dir entsprechend aktiv in diesen Prozess einzubeziehen.

Vorwegnahme

Mit etwas Erfahrung bzw. Vorbereitung lassen sich typische Rückfragen oder ein Mismatch von Bedürfnissen vorwegnehmen. Vorwegnahme bedeutet, dass Dinge, die passieren können, beispielweise Gefühle oder Gedanken, die unausgesprochen im Raum stehen könn(t)en, ausgesprochen werden, sodass sie nicht wiederholt werden bzw. aus der Welt geschaffen sind. Eine Moderatorin erklärt beispielsweise ein Spiel mit den wesentlichen Spielregeln. Im Rahmen dieses Spiels kommt es vor, dass weitere Regeln eingeführt werden, um bestimmte Verhaltensweisen seitens der Teilnehmenden zu erzeugen. Dies kann nun durch die folgende Ankündigung vorweggenommen werden: „Das sind die wesentlichen Regeln zum Start des Spiels, weitere werde ich euch im Verlauf des Spiels mitteilen.“ Wieso kann dies sinnvoll sein? Manchmal gibt es Teilnehmende, die sich empören oder gar ärgern, wenn durch hinzukommende Regeln plötzlich bestimmte Verhaltensweisen reglementiert werden. Die Vorwegnahme mindert bzw. verhindert empörtes Verhalten.

Utilisation

Utilisieren oder zu Deutsch „verwenden“ nutzt eine eingetretene Störung. Dies kann auf mehrere Arten geschehen:

- **Verstärkende Hervorhebung:** Hervorhebung einer Bemerkung als wesentliche Erkenntnis eines Spiels bzw. eines Lernaspekts.
- **Aufforderung zum weiteren Reflektieren/Lernen:** Positive Bestärkung, in einen reflektierende/lernende Haltung zu wechseln und im Debriefing Erkenntnisse für alle beizutragen.
- **Anpassen der Regeln (spiel-spezifisch):** um z.B. eine Variante des Spiels einzuleiten.
- **Inhaltliche Utilisation:** Je nach Inhalt darauf eingehen, was die Störung mit dem Lernziel zu tun hat.

Utilisation ist zwar sehr einfach zu realisieren, bedarf jedoch einiger Übung, sie kongruent in Situationen ad hoc anzuwenden. Doch keine Panik, die Übung stellt sich schnell ein, und mit der kooperativen Lernhaltung sind auch die ersten Schritte zur Utilisation leicht gemacht.

Wenn die Störung schon da ist

"Störungen“ von Teilnehmenden, beispielsweise des Nicht-Mitmachen-Wollens, haben in der Regel einen oder mehrere der folgenden Gründe: Unsicherheit bzw. Angst vor Kontrollverlust, Bequemlichkeit (Faulheit) oder Eitelkeit. Egal welches Verhalten Teilnehmende zeigen, du kannst eine dieser drei als Ursache annehmen.

Die genannten Gründe zeigen sich auf vielfältige Art und Weise, unter anderem:

- Teilnehmende haben Fragen zu den Spielregeln. Die Anzahl der Fragen geht über das normale Maß hinaus.
- Ein Teilnehmender kennt das Spiel bereits mit anderen Spielregeln und möchte „seine" Regeln anwenden.
- Teilnehmenden finden Spiele „lächerlich" und zweifeln an, dass sie in den Alltag übertragbar sind.
- Ein Teilnehmender „kennt das alles schon" und möchte a) nicht mitmachen, b) weiß es besser (z.B. die Regeln) oder c) macht sich zur (Ko-)Moderation.

All diesen Verhaltensweisen ist gemeinsam, dass sie verhindern, dass der Teilnehmende bzw. alle Teilnehmende ins TUN kommen. Doch es geht ja genau darum: ins Tun kommen und mittels Spiele (neue) Erfahrungen sammeln.

Die Interventionen für die Moderation laufen prinzipiell alle darauf hinaus, ins Tun zu kommen, und die Diskussion, das „drüber reden", ins Debriefing zu verlagern. Das macht auch durchaus Sinn, denn vielleicht hat ja der Teilnehmende mit seinen Bedenken recht. Solange allerdings nichts ausprobiert wurde, bleibt es eine Mutmaßung. Werden die „Störungen" jedoch im Debriefing diskutiert, entsteht eine konkrete Referenz auf das zuvor Erlebte. Mehr noch: ALLE Teilnehmenden hatten ein (gemeinsames) Erlebnis. Damit werden Fragen und Bedenken für alle begreifbar.

Wie lässt sich nun konkret die Diskussion über die Bedenken eines Teilnehmenden in die Debriefing-Phase verschieben? Manchmal ist es ganz einfach: Teile den Teilnehmenden beim Auftreten einer Störung den Sinn deiner Intervention (siehe den vorangegangenen Absatz) mit und sprich erneut die Einladung aus, mit dem Spiel zu beginnen. In den meisten Fällen genügt dies bereits. Manchmal braucht es aber noch einen zusätzlichen Stupser. Es ist deshalb eine gute Idee, dass du dir die Möglichkeiten deiner Reaktionen zuvor vergegenwärtigst. Diese sind im Wesentlichen:

- Konkrete, greifbare Fragen an den Teilnehmenden richten: Was brauchst du? Was wird dadurch für uns/dich möglich?

- Auf Einlassung/Einladung bestehen und „theoretisieren“ beenden, indem du zum Beispiel sagst: „Ich beantworte jetzt noch drei Fragen, dann legen wir erst einmal los. Viele Fragen klären sich dann während des Spiels.“
- Teilnehmende zum Beobachten oder als Zeitwächter einladen.
- Teilnehmende zum Testen ihrer Hypothesen einladen.
- Das Hinterfragen von Regeln als Debriefing-Moment parken bzw. mitnehmen.
- Zum Starten/Machen einladen.
- Bitte den Teilnehmenden, den Raum zu verlassen oder sich eine Auszeit zu nehmen und ihn zum Debriefing wieder in den Raum einzuladen.
- Biete dem Teilnehmenden an, in der Moderation des Spiels zu helfen. Dies muss den anderen Teilnehmenden erklärt werden und empfiehlt sich auch nur für erfahrende Fazilitierende.

Zum Abschluss möchten wir aber betonen, dass wirkliches Nicht-Wollen sehr selten vorkommt.

Falls gar nichts mehr geht

In ganz wenigen Fällen kommt es zu Situationen, in denen ein Spiel abgebrochen werden muss. Genauso selten ist das gerade von Anfängern befürchtete „Ich spiele nicht mit“. Sollte dieser Fall doch einmal eintreten, dann wird dieser Teilnehmende zu einem Beobachter, der vielleicht am Ende sogar bereut, nicht mitgespielt zu haben – nämlich in dem Moment, wo er oder sie realisiert, wie viel Spaß die anderen beim Spielen haben. Dass ein anderes Ergebnis herauskommt als das, was ursprünglich geplant war, kommt hingegen häufiger vor.

Hast du das Gefühl, dass ein Spiel doch einmal abgebrochen werden muss, dann kann schon eine Pause die Situation „entschärfen“. Diese Pause darf auch länger sein. Dir wird in dieser Situation auch helfen, dem Prozess zu vertrauen oder die Störung zu utilisieren: Fordere beispielsweise zur weiteren Reflexion auf oder ändere die Spielregeln. Es wird gut werden, denn niemand außer dir weiß, wie groß deine Abweichung vom Plan tatsächlich ist.

Das Unerwartete wird zum Thema des Interesses

Vieles passiert, während die im Spiel dargestellten Herausforderungen gemeistert werden. Das Denken, Fühlen und Handeln der Teilnehmenden geschieht sowohl gemeinsam als auch unabhängig voneinander. Es ist natürlich nicht vorhersehbar, welche Gruppendynamik entsteht und wie sich Ideen, Diskussionen und Lösungen entwickeln. Ebenso ist nicht vorhersehbar, an was genau sich die Teilnehmenden aus ihrem (Arbeits-)Alltag erinnern, wie sie mit ihren Erinnerungen, dem Gesagten und ihrem Tun im Spiel oder in der Nachbesprechung umgehen.

In Kapitel 4 ab Seite 64 haben wir zwei wesentliche Facilitation-Fähigkeiten beschrieben: das Aushalten von Nicht-Wissen und die Bereitschaft, überrascht zu werden. Indem du als Vorbild in Haltung und Sprache agierst (siehe Kapitel 5 ab Seite 81), erhöhst du die Wahrscheinlichkeit, dass deine Teilnehmenden Unwissenheit und Überraschungen nicht nur aushalten, sondern vielleicht sogar genießen und als kreative Quelle für originelle Ideen erleben können.

Wenn unerwartete Themen auftauchen, ist es wichtig, zuzuhören. Achte besonders darauf, dass alle zu Wort kommen. Du und die Teilnehmenden haben Zeit und Aufmerksamkeit investiert, um diese Idee zu ermöglichen – deshalb glauben wir, dass sie es wert ist, gehört und gewürdigt zu werden. Und ja, auch wenn das Durchdenken dieses neuen Themas Zeit kostet. Es ist deshalb wichtig, genügend Zeit für die Nachbesprechung eines Spiels einzuplanen.

Wie bereits erwähnt, sind die meisten Spiele so aufgebaut, dass es keine richtigen oder falschen Reflexionsthemen gibt. Wir sind davon überzeugt, dass es nie ein Thema geben wird, das nichts mit den Teilnehmenden, dem Kontext der Gruppe, dem Thema des Workshops oder mit dir zu tun hat. Und dass nur eine Person im Raum so denkt, ist unserer Erfahrung nach auch eher selten. Es kann jedoch ein Thema sein, das für verschiedene Personen unterschiedlich relevant ist. Versuche deshalb, das Thema sowohl für dich selbst als auch für die Gruppe einzuordnen: Ist es komplementär zu den Fokusthemen des Workshops oder steht es im Gegensatz dazu? Ist es vorgelagert oder nachgelagert? Wichtiger oder unwichtiger? Gibt es jetzt einen Handlungsbedarf?

Entscheide dann gemeinsam mit der Gruppe, wann, wie und wie viel Raum du dem neuen Fokusthema gibst.

Die Teilnehmenden kommen zu dysfunktionalen oder „falschen“ Schlussfolgerungen

Es kommt vor, dass Teilnehmende Wege einschlagen, die nicht erwünscht, nicht hilfreich oder zum Scheitern verurteilt sind. Sie irren sich und machen Fehler.

Dies ist eine ganz normale Phase des Lernprozesses. Spiele eignen sich besonders gut, diese Erfahrungen in einem geschützten Raum ohne direkte Konsequenzen für den (Arbeits-) Alltag zu machen!

Wichtig ist, dass du und die Teilnehmenden den Fehler bemerken, ihn benennen und einen besseren Umgang damit finden. Diese Erkenntnis kann jederzeit erfolgen – vor, während oder nach dem Spiel, wenn reflektiert wird.

Während sie reflektieren, kannst du sehen und hören, was die Teilnehmenden mit einem Thema oder einer neuen Information machen, und du kannst ihnen helfen – ob du ihnen Fragen stellst, eine neue Runde des Spiels einläutest, ihnen einen Tipp gibst oder eine Geschichte erzählst, es hängt ganz von der Situation und deinen Vorlieben ab.

Wie wir im Abschnitt „Utilisation“ auf Seite 95 beschrieben haben, kannst du eine „falsche“ Schlussfolgerung auch überspitzen, durch Nachfragen vertiefen oder Hypothesen über die Auswirkungen der Schlussfolgerung auf das Spiel und das Spielergebnis aufstellen. Mach es deinen Teilnehmenden aber nicht zu einfach und gebe ihnen die Zeit zur Reflexion. Schlussfolgerungen, die die Teilnehmenden selbst entwickeln, sind viel wirkungsvoller als das, was du ihnen sagst.

Tipp

Mache dir kurz Gedanken darüber, wie du bisher mit solchen Situationen umgegangen bist. Was hat gut funktioniert? Wie möchtest du in Zukunft mit solchen Situationen umgehen?

Durch Selbstreflexion wachsen

Erst in der Rückschau auf das Ganze, auf deine Vorbereitung, die Moderation, auf die Teilnehmenden, die Reaktionen und Diskussionen, die entstanden sind, und auf die erzielten Ergebnisse kannst du deinen eigenen Beitrag erkennen. Die Fähigkeit, wie wir reflektieren und uns anpassen, entspricht dem sogenannten Meta-Lernen. Es besteht aus den beiden Komponenten Metakognition (die Reflexion über das eigene Denken) und Growth Mindset (die innere Überzeugung, dass du Fähigkeiten entwickeln kannst).

Mach es dir zur Gewohnheit, das Geschehene kurz Revue passieren zu lassen, indem du deine Workshopplanung zur Hand nimmst (vielleicht hast du dir auch direkt im Moment des Geschehens ein paar Notizen gemacht). Identifiziere Momente, die du erwartet oder beabsichtigt hast. Dazu gehören Situationen, die optimal gelaufen sind, und solche, die du in Zukunft ändern möchtest. Es spielt keine Rolle, ob du nach jedem Einsatz eines agilen Spiels oder in regelmäßigen Abständen über ein bestimmtes Spiel, ein Workshopformat oder grundsätzlich über deine Wirksamkeit beim Fazilitieren reflektierst – wichtig ist, dass du es tust.

Diese Fragen können dir dabei helfen:

- Welche (Vor-)Kenntnisse, Fähigkeiten und Eigenschaften hast du bereits?
- Welches Wissen, welche Fähigkeiten und Charaktereigenschaften brauchst du für zukünftige Aufgaben? Woran möchtest du noch arbeiten?
- Welche ist die für dich am besten geeignete Strategie, um dir diese Fähigkeiten anzueignen?
- Wie wirst du deine Lernfortschritte bewerten und feststellen, was du wirklich entwickelt hast?
- Welche Lehren kannst du für zukünftige Lernprojekte ziehen?
- In welchen Bereichen hat sich deine Wirksamkeit verändert? Was waren die Gründe für diese Veränderung?
- Welches Feedback hast du von den Teilnehmenden erhalten? Was davon war hilfreich, was nicht?

- Welchen Lernfokus möchtest du für deine nächste Facilitation setzen? Und woran erkennst du, dass du das Vorgenommene erfolgreich umgesetzt hast?

Mit den folgenden Fragen kannst du deine Selbstreflexion noch weiter vertiefen:

- Wie viel verstehst du von dem, was du tust?
- Wie ist dein inneres Erleben in solchen Momenten?
- Welche deiner Fehler und welche deiner Herausforderungen möchtest du zum Anlass nehmen, um daran zu wachsen?
- Welche Situationen und Gefühle möchtest du besser in den Griff bekommen?
- Was ist für dich der richtige nächste Schritt?

Wir wünschen dir Freude und viele neue Erfahrungen auf deinem Weg.

Zusammenfassung

Wir haben Möglichkeiten vorgestellt, um die eigene Souveränität beim Fazilitieren von agilen Spielen zu steigern. Die Vorbereitung trägt dazu bei, die eigene Aufmerksamkeit, Absicht und Klarheit im Moment der Fazilitation zu verbessern. Ein eigener „Nordstern", der als Orientierung dient, spielt eine wichtige Rolle, da die Reaktionen der Teilnehmenden nicht voraussagbar sind. Dieses Kapitel behandelt verschiedene Störungsarten und den Umgang mit schädlichen Erkenntnissen durch die Teilnehmenden. Es ist wichtig, den Teilnehmenden zunächst ein eigenes und unmittelbares Erleben zu ermöglichen und das Reflektieren, Bilden von Hypothesen und Gedankenexperimenten in das Debriefing zu verlagern. So können auch Überraschungen und ungeplante Reflexionsthemen als kreative Quelle für originelle Ideen erlebt werden.

Abgerundet wird das Kapitel durch unseren Aufruf zur eigenen Weiterentwicklung durch Selbstreflexion. Jetzt bist du gefragt, mit agilen Spielen einprägsame und nachhaltige Lernmomente zu schaffen und so einen echten Mehrwert für dich und deine Teilnehmenden.

Anhang

Referenzen

Die Erkenntnisse und Anwendungen in diesem Buch basieren auf unseren Erfahrungen. Vieles davon haben andere bereits in Büchern beschrieben. Hier findest du eine Liste von Büchern und hilfreichen Webseiten, die wir zur weiteren Recherche empfehlen:

Autor(en)	Titel
#play14 asbl	#play14 – Worldwide gathering of like-minded people who believe that playing is the best way to learn, share and be creative!, Luxemburg, Luxemburg: https://play14.org (abgerufen am 10.06.2022)
Berne, Eric	Spiele der Erwachsenen: Psychologie der menschlichen Beziehungen, 2002
Binder, Thomas	Ich-Entwicklung für effektives Beraten, 2019
Bless, Marc/ Dennis Wagner	Agile Spiele und Simulationen: Praxiserprobte Games für Agile Coaches und Scrum Master. Inklusive vieler Spiele für Online-Workshops, 2022
Bowman, Sharon L.	Training From the Back of the Room! 65 Ways to Step Aside and Let Them Learn, 2009
Bowman, Sharon L.	Using Brain Science To Make Training Stick, 2010
Caswell, Chris/ Julian Kea	#TheDebriefingCube: https://www.kilearning.net/thedebriefingcube/ (abgerufen am 30.08.2022)
Fadel, Charles/ Maya Bialik/ Bernie Trilling	Die vier Dimensionen der Bildung. Was Schülerinnen und Schüler im 21. Jahrhundert lernen müssen, 2017
Hoffmann, Anne	Using improvisation theater techniques in project environments, 2023

Autor(en)	Titel
Hoffmann, Anne/Diana Tiefholz	Playful Nürnberg: https://www.meetup.com/de-DE/Playful-Nuernberg/ (abgerufen am 30.11.2022)
Hohmann, Luke	Innovation Games: Creating Breakthrough Products Through Collaborative Play, 2006
Huizinga, Johan	Homo Ludens: Vom Ursprung der Kultur im Spiel, 1981
Hüther, Gerald/Christoph Quarch	Rettet das Spiel!: Weil Leben mehr als Funktionieren ist, 2016
Kea, Julian	The Serious Games Podcast: https://seriousgamespodcast.com (abgerufen am 28.12.2022)
McCullough, Michael/Don McGreal	TastyCupcakes.org – Fuel for Invention and Learning: https://tastycupcakes.org/ (abgerufen am 24.02.2023)
Medina, John	Brain Rules: 12 Principles for Surviving and Thriving at Work, Home and School, 2014
Owen, Harrison	Open Space Technology: Ein Leitfaden für die Praxis, 2011
Paul, Richard/Linda Elder	Thinker's Guide to Socratic Questioning: Based on Critical Thinking Concepts and Tools (Thinker's Guide Library), 2019
Plett, Heather	Art of Holding Space: A Practice of Love, Liberation, and Leadership, 2020
Riemann, Fritz	Grundformen der Angst: Eine tiefenpsychologische Studie, 2022
Schulz von Thun, Friedemann/Wibke Stegemann	Das Innere Team in Aktion: Praktische Arbeit mit dem Modell, 2004
Tompkins, Penny/James Lawley	Clean Language: https://www.cleanlanguage.co.uk/ (abgerufen am 11.04.2022)
Vlcek, Radim	Praxis Buch Workshop Improvisationstheater: Übungs- und Spielesammlung für Theaterarbeit, Ausdrucksfindung und Gruppendynamik (5. bis 13. Klasse), 2019

Autor(en)	Titel
Watzlawick, Paul	Man kann nicht nicht kommunizieren: Das Lesebuch, 2015

Der Serious Games Canvas – Vorlage

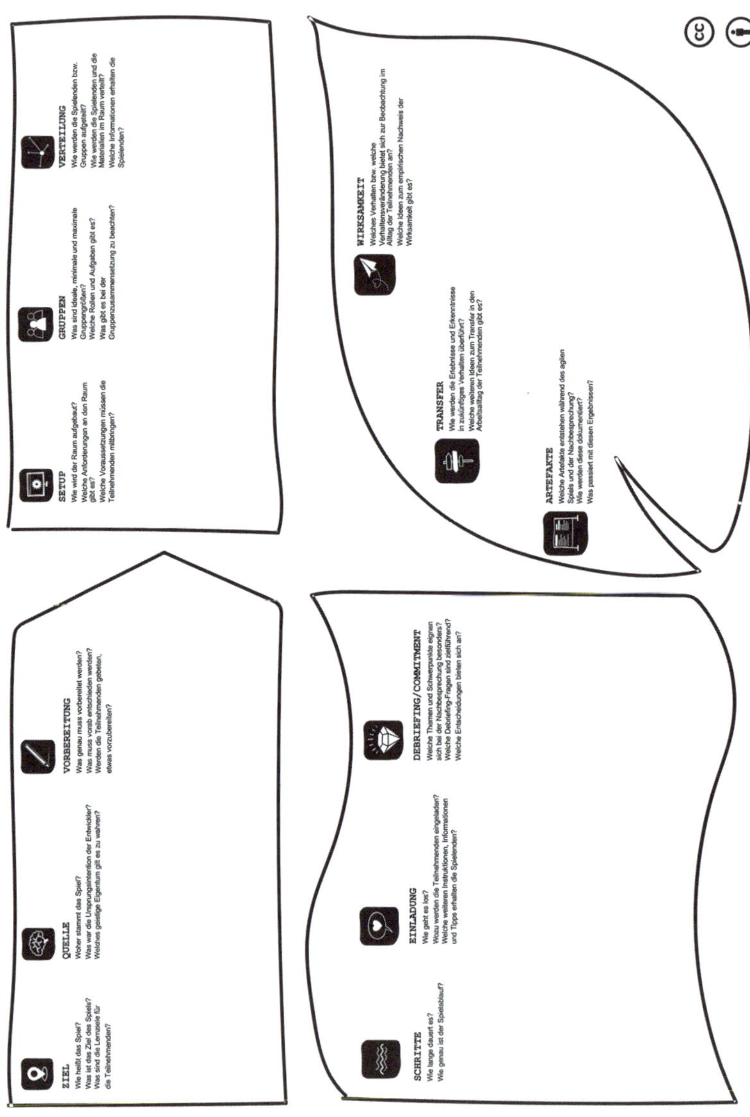

Der #TheDebriefingCube[14]

Die Fragen sind in die folgenden sechs Perspektiven untergliedert:

1. Ziel: Erforsche die ersten Schritte und das **Zielverständnis**.
2. Prozess: Erforsche, **was sich** in welcher Reihenfolge **ereignet hat**.
3. Gruppendynamik: Erforsche Verhaltensweisen, die Teilnehmende **bei sich und anderen beobachtet** haben.
4. Kommunikation: Erforsche, was Teilnehmende **dachten, hörten und sagten**.
5. Emotionen: Erforsche **Gefühle und ihre Auswirkungen** auf die Geschehnisse.
6. Was nun? Erforsche, was Teilnehmende **interessant, aufschlussreich oder inspirierend** fanden!

---

[14] Der #TheDebriefingCube ist unter einer Creative Commons Namensnennung 4.0 International Licence lizenziert: http://creativecommons.org/licenses/by/4.0/. Er kann kostenfrei in mehreren Sprachen hier heruntergeladen werden: https://www.kilearning.net/thedebriefingcube/

1. Perspektive: Ziel

Hauptfrage	(Optionale) Folgefragen
Was war dein Ziel? Formuliere es in einem Satz.	• Hatte jemand ein anderes Ziel? • Wo gab es einen Unterschied? Warum? • Hat das einen Unterschied gemacht?
Was hättest du gern vorher gewusst?	• Wie hätte das geholfen? • Wo waren die benötigten Informationen? • Was hat dich davon abgehalten, sie zu bekommen?
Wie habt ihr euch auf das Ziel ausgerichtet?	• Was machte die Harmonisierung einfach/schwer? • Haben alle zugestimmt? • Wie würdet ihr euch bei einer Wiederholung anders ausrichten?
Gab es ein gemeinsames Verständnis des Ziels?	• Wie seid ihr zu dem gemeinsamen Verständnis gekommen? • Hätte ein gemeinsames Verständnis geholfen? • Haben alle zugestimmt?
Inwiefern unterscheidet sich jetzt dein Verständnis vom Ziel?	• Wie hat sich deine Wahrnehmung verändert? • Was hast du gelernt? • Wie würde sich die Erfahrung ändern, wenn du das vorher gewusst hättest?
Wie habt ihr angefangen?	• Waren alle bewusst dabei? • Musstet ihr anhalten und neu starten? • Was hat geholfen?

Hauptfrage	(Optionale) Folgefragen
Was war die größte Herausforderung?	• Warum? • Wer im Raum/Team war für diese Herausforderung am besten gerüstet? • Was hat dich diese Erfahrung über deinen Alltag gelehrt?

2. Perspektive: Prozess

Hauptfrage	(Optionale) Folgefragen
Welche Schritte habt ihr unternommen?	• Welche Schritte führten zum Erfolg? • Welche zum Scheitern? Welche zum Lernen? • Woraus habt ihr gelernt?
Hast du etwas angenommen, das sich als falsch herausgestellt hat?	• Was war deine Annahme? • Was hat dazu geführt? • Warum war sie falsch?
Was war der entscheidende Moment, der die Dinge veränderte?	• Was war die Auswirkung? • Hätte das früher passieren können? • Was wäre dann anders gewesen?
Wie hättet ihr den Prozess angenehmer/weniger angenehm gestalten können?	• Was hättest du anders gemacht? • Wie hätte das die Erfahrung verändert? • Wäre das Ergebnis ein anderes gewesen?
Welche Entscheidungen hast du/habt ihr getroffen?	• Wie hast du dich/habt ihr euch entschieden? • Warum war eine Entscheidung notwendig? • War es eine gute oder schlechte Entscheidung?

Hauptfrage	(Optionale) Folgefragen
Welche Ideen, Innovationen oder Veränderungen sind entstanden?	• Woher kamen sie? • Wie effektiv waren sie? • Was hat dich/euch überrascht?
Was hat dich an deinen Alltag erinnert?	• Was genau war ähnlich? • Was sind die Konsequenzen im Alltag? • Was hat dich diese Erfahrung gelehrt?

3. Perspektive: Gruppendynamik

Hauptfrage	(Optionale) Folgefragen
Wie habt ihr euch organisiert?	• Wer hat die Führung/ Moderation übernommen? • Wer ist gefolgt? • Wie habt ihr Entscheidungen getroffen?
Ist etwas Unvorhergesehenes passiert?	• Was war unvorhersehbar? • Wurde versucht, dies zu kontrollieren oder zu vermeiden? • Wie und warum?
Welche Veränderungen in der Gruppendynamik hast du erlebt?	• Was hat diese Veränderung verursacht? • Wie hat sich das auf deine/ eure Erfahrung ausgewirkt? • Waren sich alle dieser Veränderungen bewusst?
Wie war die Beteiligung unter euch verteilt?	• Wurden alle miteinbezogen? • Wie habt ihr das erreicht? • War das ideal?
Wie hättet ihr besser zusammenarbeiten können?	• Wie hätte das geholfen? • Wann hast du erkannt, dass dies eine Option ist? • Was hat dich aufgehalten?

Hauptfrage	(Optionale) Folgefragen
Welche interessanten Verhaltensmuster hast du beobachtet?	• Warum war das für dich interessant? • Was war hilfreich? Was war nicht hilfreich? • Warum?
Wo begegnest du ähnlichen Verhaltensweisen?	• Beschreibe die Ähnlichkeit! • Gibt es ähnliche Auswirkungen? • Was hat dich diese Erfahrung über deinen Alltag gelehrt?

4. Perspektive: Kommunikation

Hauptfrage	(Optionale) Folgefragen
Was hast du nicht gesagt, was du dir gewünscht hättest, zu sagen?	• Was hat dich davon abgehalten, es zu sagen? • Was wäre anders gewesen, wenn es gesagt worden wäre? • Welche Frage hättest du dir/dem Team gern gestellt?
Welche nonverbale Kommunikation gab es?	• Was waren die Auswirkungen auf dich und die Gruppe? • Hätten andere das anders interpretieren können? • Wie kannst du dir sicher sein?
Was hat dich das über gelungene Kommunikation gelehrt?	• Was war toll daran? • Wie würdest du das anderen beibringen? • Liste deine Top 5-Lernerfahrungen über Kommunikation auf!
Welche Fehlkommunikation gab es?	• Was waren die Ursachen? • Wie hat sich das auf eure Erfahrung ausgewirkt? • Wie hättest du/hättet ihr besser kommunizieren können?

Hauptfrage	(Optionale) Folgefragen
Hast du/habt ihr genug kommuniziert?	• Warum? • Wie hätte sich mehr oder weniger Kommunikation auf eure Erfahrungen ausgewirkt? • Hat dich etwas daran gehindert, mehr oder weniger zu kommunizieren?
Wie würdest du bei einem nächsten Mal anders kommunizieren?	• Was wären die Auswirkungen auf dich/andere? • Warum ist das nicht schon früher passiert? • Was hätte dir geholfen, das zu erkennen?
Was blieb unausgesprochen?	• Wie bist du darauf aufmerksam geworden? • Hätte es geholfen, darüber zu sprechen? • Was hat dich diese Erfahrung über deinen Alltag gelehrt?

5. Perspektive: Emotionen

Hauptfrage	(Optionale) Folgefragen
Wie hast du dich gefühlt?	• War anderen bewusst, dass du so fühlst? • Was hat zu diesem Gefühl geführt? • Wie hast du dich vorher gefühlt?
Wie war diese Erfahrung für dich?	• Beschreibe sie mit einem #Hashtag! • Was waren die ausschlaggebenden Momente? • Was wäre ein guter Vergleich?
Wie bist du mit deinen Gefühlen umgegangen?	• Welche Gefühle genau? • Ist dir das schon mal passiert? • Hat das sonst noch jemand bemerkt?

Hauptfrage	(Optionale) Folgefragen
Was hat dir an der Erfahrung gefallen und was nicht?	• Was genau? • Warum? • Was noch?
Wo hast du schon einmal ähnliche Emotionen und Verhaltensweisen beobachtet?	• Wann in deinem Alltag ist dies passiert (Arbeit/Privatleben)? • Was waren Gemeinsamkeiten mit dem Erlebten? • Was genau ist passiert?
Wann war dir das Ergebnis am wichtigsten/am wenigsten wichtig?	• Was hat dazu geführt, dass es dir egal/wichtig wurde? • Hat jemand ähnlich empfunden? • Wie stark warst du engagiert?
Was möchtest du noch sagen?	• Was hast du über die Emotionen anderer Menschen gelernt? • Hat Empathie eine Rolle gespielt? • Was hat dich diese Erfahrung über deinen Alltag gelehrt?

6. Perspektive: Was nun?

Hauptfrage	(Optionale) Folgefragen
Woran aus deinem Alltag erinnert dich diese Erfahrung?	• Was ähnelte sich? • Welche Erkenntnisse ergeben sich daraus für dich? • Ergeben sich hieraus (neue) Möglichkeiten? Welche?
Was hast du über dich und das Team gelernt?	• War das eine Überraschung? • Was davon kannst du mit Nicht-Anwesenden teilen? • Formuliere es als Slogan oder Motto!

Hauptfrage	(Optionale) Folgefragen
Was genau aus dieser Erfahrung wird in deinem Alltag von Nutzen sein?	• Was wünschst du dir? • Welche ersten Schritte könntest du unternehmen? • Woran würdest du erkennen, dass du Erfolg hast?
Worüber bist du dir jetzt mehr im Klaren?	• Wie kannst du dich morgen daran erinnern? • Inspiriert dich das? • Wie wirst du diese Inspirationen nutzen, um dir und deinem Team zu helfen?
Welche Top 5-Erkenntnisse wirst du mitnehmen?	• Was hat deine Top 5 inspiriert? • Was wirst du mit ihnen machen? • Wie wirst du sie mit anderen teilen?
Wenn du einen Zauberstab hättest, welche eine Sache in deinem Alltag würdest du ändern?	• Warum? • Warum? • Warum?
Wie würde eine Person vom Fach (Koryphäe) eure Erfahrungen deuten?	• Wie würde sie es in fünf Worten zusammenfassen? • Was würde sie vorschlagen? • Was hat dich diese Erfahrung über deinen Alltag gelehrt?

Index

4K-Modell des Lernens 16

Agiles Spiel
  Einladung 25
  Fokuspunkte 23
  implizite Annahmen 14
  im Unternehmenskontext 16
  indirekte Konsequenzen für den Arbeitsalltag 16
  Nachbesprechung 73
  vier Dimensionen der Bildung 15
  Was kommt danach? 25
  wenn eine „Störung“ da ist 95
  Wirksamkeit überprüfen 37

Braucht es einen Plan B für den Ablauf? 24

Debriefing 107
  planen 35
  während des Spiels 79
Debriefing-Frage 76

Einladung 25
  formulieren 32
  zum Spiel 16
Ergebnisoffenheit des Spiels 17
Erkenntnisebenen 74

Facilitation
  Aufgabe 41
  essenzielle Kompetenzen der Fazilitierenden 62
Feedback 15
Feedforward 64
Fokuspunkte 23
  setzen 30
Fragen
  durch wirksame Fragen Reflexion verbessern 75
  offene vs. geschlossene 77
  sokratische 77
  zunächst die Angemessenheit klären 75

Haltung als Subtext der Handlungen 32
Handlungsziele 22

Inhalte-Methoden-Kombinationen festlegen 31

Konsent 14

Nachbesprechung
  Debriefing-Frage 76
  Ziele 73
Nicht-Wissen aushalten 64

Psychologische Sicherheit 65

Raum halten 65
Reflexion 15
  die Qualität durch wirksame Fragen verbessern 75
  Spannungen 79
Return-on-Failure 17

Selbstreflexion 100
Selbstwirksamkeitserwartung 17
Serious Games Canvas 23, 55
Sicherer Raum 34, 65
Sokratische Fragen 77
Spielerische Sequenz 15
Spielziel 15

TheDebriefingCube 107

Utilisation 95

Verhaltensanker 22

Wirksamkeit eines agilen Spiels überprüfen 37
Workshopdesign 23

Ziele formulieren 29
Zutaten eines Spiels 14